零添加做饮料

〔韩〕姜芝莲 〔韩〕李始耐/著 高 莹/译

北京科学技术出版社

著作权合同登记号　图字：01-2018-3542

图书在版编目（CIP）数据

零添加做饮料 /（韩）姜芝莲，（韩）李始耐著；高莹译 . — 北京：北京科学技术出版社，2019.9

ISBN 978-7-5714-0390-4

Ⅰ . ①零… Ⅱ . ①姜… ②李… ③高… Ⅲ . ①饮料 – 制作 Ⅳ . ① TS27

中国版本图书馆 CIP 数据核字 (2019) 第 137345 号

零添加做饮料

作　　　者：〔韩〕姜芝莲　〔韩〕李始耐
译　　　者：高　莹
策划编辑：崔晓燕
责任编辑：崔晓燕
责任印制：张　良
图文制作：艺和天下
出 版 人：曾庆宇
出版发行：北京科学技术出版社
社　　　址：北京西直门南大街 16 号
邮　　　编：100035
电话传真：0086-10-66135495（总编室）
　　　　　0086-10-66161952（发行部传真）
　　　　　0086-10-66113227（发行部）
网　　　址：www.bkydw.cn
电子信箱：bjkj@bjkjpress.com
经　　　销：新华书店
印　　　刷：北京印匠彩色印刷有限公司
开　　　本：720mm×1000mm　1/16
印　　　张：12
版　　　次：2019 年 9 月第 1 版
印　　　次：2019 年 9 月第 1 次印
ISBN 978-7-5714-0390-4 /T・1021

定价：49.8 元

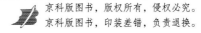

作者序言（一）

在我的大学时期，妈妈曾经历过一场抗癌斗争。她平时只是偶患小病，身体还算比较健康，听说她患上癌症，全家人都毫无心理准备。经过了几年的抗癌治疗和饮食调理，妈妈终于战胜了癌症，健康地生活着。

我们全家在经历了这样一场变故之后，原本平静平凡的小市民生活被打乱了，我们在生活理念和饮食习惯上发生了很多改变。最先引起全家注意的是饮食习惯问题，从前我们太过忽视与健康密切相关的饮食问题了。为了防止妈妈癌症复发，更为了让全家人远离癌症，我们的餐桌上开始出现有机食品。我们生活在都市中，无法亲手种植蔬菜，但我们在选择食材时尽量选用有机食品，避免食用含有有害添加剂的食品。

从那时起，我开始对生活中随处可见的加工食品的配料产生兴趣，细心阅读食品标签上的添加剂名称。不是只有我在这样做，已经有很多人通过图书和电视来了解食品添加剂的危害了。如今，我已为人妇人母，更要对家里的饮食负责，更要用心甄别，以防止病从口入。

其实，身为双职工家庭的当家主妇，我几乎很难完全摆脱加工食品。有机食品固然好，但总要考虑开支问题；也会因外出就餐无法保证吃到的都是100%有机食品。我正在尽最大努力为全家营造一个健康的饮食环境，随时选择购买那些无添加剂或添加剂较少的食品。我们真的无法预见，漫不经心喂给孩子们的那些含有合成添加剂的食品，会在10年，甚至20年后给孩子健康带来怎样的危害。

我是本着一颗为人母、为人妻的赤诚之心写成本书的。您会不会一边喂孩子亲手做的零食，却让他们喝含有合成添加剂的碳酸饮料和果汁呢？饮品比食品更容易被身体吸收。虽然人活在世上，不能完全避免吃到有害健康的食品，但是在喂养孩子的时候，难道不应该更谨慎地选择更有益健康的饮食吗？而且，我们在关注食品健康的同时，当然也要关注食品的口味。

我要对协助出版此书的韩国青出版社代表和共同创作此书的各位同仁表示衷心感谢，

感谢大家对家庭DIY饮料这一题材的关注。我还要向一直支持和关注我的博客的博友们表示真心感谢。最后，想以此书作为献给我的家人的礼物，也祝福所有阅读此书的读者健康快乐！希望读者们能在家里品尝DIY饮料可口美味的同时，也享受别有一番风味的美好生活！

2010年夏，姜芝莲

作者序言（二）

有时，我会接到学生家长们打来的电话。"周六能给孩子们带些零食吗？""什么零食？""可乐和汉堡。"另外也会有一些是询问可否带碳酸饮料和炸鸡腿的，这些都是孩子们最喜欢吃的。每当接到这样的电话，虽然有些不忍，但我还是坚决拒绝。学期初，我除了给学生家长们寄去一封介绍信以外，还会另外写一封信拜托家长们不要给孩子带零食，并且详细介绍健康饮食对于孩子成长的重要性。有时，在为孩子们举办派对时，我和孩子们一起亲手用大米制作蒸糕，蘸着糖稀吃，我还会从家里带来梅子或五味子，冲茶给孩子们喝。（也许正因为这样，我们班的孩子们才更喜欢喝梅子茶、五味子茶、油茶面等传统饮料。）也许，从另一个角度来说，我是个很挑剔的班主任吧。吃饭时间，孩子们必须细嚼慢咽。当然，也有一些孩子在吃饭时又哭又闹又挑食，每到他们吃饭时，我要花40分钟劝导他们，经过了几个月这样的日子，我也会感到筋疲力尽，可是，一年以后，看到他们好好吃饭的乖巧模样，我的疲惫就一扫而光，一阵满足感涌上心头。近年来，由于生活节奏太快，一些家长没有时间亲自在家做饭，长期外出就餐和不良饮食习惯造成了一些孩子对某些食物过敏、挑食、偏食等问题。这令我感到痛心。更遗憾的是，虽然我能在教室里向学生们强调养成正确饮食习惯的重要性，但他们在校外还是很容易就能买到垃圾食品和碳酸饮料。尤其是当我看见班里一些学生因为过敏性疾病症状，在课堂上不停挠痒痒或心情烦躁时，我的内心感到愈发难过。当然，也许有人会说，这种情况纯属特例，不能代表普遍情况。但是想让孩子少吃垃圾食品的父母难道不占多数吗？我认为，如果我们每个人都能注意这些饮食细节、注意餐饮环境，就能汇聚更多消费者的声音，当我们的声音足够强大时，不就能为制作餐饮的人提供一种正确导向了吗？

当我准备要小孩后，就更加仔细用心地阅读食品配方，并开始学习相关知识了。从那以后，每当我阅读完买回家的食品标签上的配方，都会被惊得目瞪口呆。当看到和广告宣传有天壤之别的食品添加剂时，我开始责怪自己过于轻信广告。基于以上现实原因，再加上每当孩子偏食时都要考虑"要是这样做也许会更好吃！""不喜欢吃红椒，那掺一些其他材料怎么样？"在经过共同探讨后，我把这些内容编入了此书。

向倾听作者建议的韩国青出版社的代表和耐心为制作过程拍摄照片的宰热大哥和泯洙致敬，向正在努力营造幸福健康生活氛围的家人们和身边一直鼓励支持我的朋友们送去诚挚谢意。希望这本书能为营造健康生活作出贡献，向所有相信从小事做起能有收获巨大的读者们送去一份祝福。

2010年，和家人们幸福愉快地生活中，李始耐

目 录

Part2 比咖啡馆饮料更可口的家庭DIY，奶昔 / 44

Part3 水果的甜蜜大变身，甜点 / 78

Part4 | 清凉可口的健康饮品，茶 / 112

家庭DIY饮料的优点

在家制作无添加健康饮料

随着收入水平的提高，外出就餐选择的增加，更多样、更丰富的餐饮等待着我们作出选择。可是，近年来，各种有关加工食品的负面新闻频频传出，为健康着想，为选择更高质量的食品，为了能将未经加工的纯天然饮食放在餐桌上，人们开始执着于有机食品，以代替那些快餐食品，并且更加关注家庭自制饮食和家庭烘焙食品。

可是，有一类食品最容易让我们掉以轻心，那就是经常马马虎虎地喝下去的饮料。天气逐渐炎热，马上就要到了渴望清凉爽口的饮料和冰爽沁心的冰淇淋的季节，大家可曾想过，随随便便喝下的一杯碳酸饮料和冰爽果汁会给我们的身体带来哪些危害呢？

碳酸饮料容易引发骨质疏松症和肥胖症

碳酸饮料不仅因含有过多糖分容易引起肥胖，而且还含有大量能导致骨质疏松的磷酸成分。磷酸成分不仅能防碍人体吸收钙质，还能促进人体通过小便排出钙质，造成身体缺钙，这对骨质密度正值生长期的青少年更具有致命性的危险。

一罐可乐是250ml，含有32.5克白糖*。比白糖更有害的成分是液体果糖，也在现在的饮料配方中随处可见（甚至能在儿童饮料中找到！）。不经意间喝下的一罐饮料，竟含有如此大量的糖，这是绝大多数人未曾考虑过的。碳酸饮料既没有营养价值，又含有过高热量，如果长期饮用，会很快引起肥胖，肥胖也是危害现代人健康的杀手。家庭餐厅或快餐店里卖的甜饮都含有过多的糖分。也许，有人觉得像橙子甜饮、草莓甜饮会比可乐和雪碧有益健康，但其实这些饮料只是比碳酸饮料加了更多果汁的和糖分罢了。

合成食品添加剂危害更大

所以，大家都选择低卡可乐。难道没有热量的碳酸饮料就对身体没有危害了吗？如果是这样，就要先考虑一下，在不加糖的情况下，怎样才能喝出甜甜的味道呢？这个秘诀就

---

*参考韩国教育电视台专题节目《孩子的餐桌》内容。

是，在饮料中加入危害性极大的人工甜味剂"阿斯巴甜"。

阿斯巴甜虽然不含热量，但它的甜度是白糖的200倍。这种强烈的甜味能促进我们体内的胰岛素分泌，使人体出现严重的饥饿感，让人产生更大的食欲。但是，更严重的问题是，经很多医生学者研究证明，这种被大量使用的人工甜味剂阿斯巴甜是引发脑肿瘤的病因之一，能使阿尔茨海默病、多动症、慢性疲劳、糖尿病、癫痫、帕金森病等疾病的症状加重，或者诱发其他病症。**

贴有100%纯天然标签的果汁当真可信吗？

大部分人都认为，果汁比碳酸饮料更有益健康。其实，如果不是在家里自制的100%果汁，那么那种果汁就不会对身体有益。超市卖的大部分浓缩果汁都含有合成香料和液体果糖等添加剂。合成香料可以使果汁散发水果的香味，这种合成香料也添加在草莓牛奶、香蕉牛奶中。这种添加剂有引起头痛、腹痛、分散注意力等危险。"那也是果汁嘛，也是牛奶啊，总会对身体有益的。"这样想是绝对错误的。从现在开始，希望大家不要再跑到超级市场毫不犹豫地买100%纯天然橙汁，而是先留心观察果汁背面商标上面的食品配方。比用粗体字强调出来的饱含"维生素C"的字样，我们更应该留意那些对身体有害的成分，而且这些成分所占的比重更多。

不同食物要考虑相克和相宜

为了健康，让我们远离那些超市里卖的饮料吧！但在家中亲手制作果汁饮料的人也同样需要注意一些事项，那就是，在制作果汁时要考虑食材的相克和相宜。

近来，人们开始关注彩色食物的养生功效，各种介绍彩色果蔬营养成分的图书和资料层出不穷。我们可以根据这些原理，学会如何搭配饮食。有些食物的搭配有益健康，而有些则会相克，反而有害健康。虽说五谷杂粮饭有益身体健康，但也不能将12种杂粮胡乱混合食用，同样的道理，果蔬也绝不能随随便便搭配食用。应根据中医药学原理，分清果蔬的性质，并配合自身体质，进行食材的合理搭配。

家庭DIY饮料也要色香味兼顾

为了替代超市买回来的碳酸饮料和果汁，这本书专门为那些打算在家里自制果汁的人们介绍了一些配方。想喝到碳酸饮料的气泡口感，不如亲自动手用天然水果和天然苏打水

** 参考《超级市场谋杀我们》，南茜·德维尔著，麒麟苑出版。

制作一款DIY甜饮。让我们一起来品尝一下，不含合成香料和白糖的汽泡果饮，真正有益健康的果蔬。再品尝一款有机龙舌兰糖浆自制饮料吧，它有降血糖、防止血糖升高的功效。当客人来访时，不要再用含咖啡因的咖啡、绿茶来招待客人，给客人端上一杯健康可口的家庭自制凉茶或冰茶怎么样？另外，本书还给大家介绍了制作简单、口味极佳的咖啡馆风情甜点和男女老少皆宜的爽口冰沙，炎炎夏日，让我们的家也变成凉爽惬意、气氛浪漫的咖啡馆吧。

大多数人可能都认为有益健康的食物都不好吃，所以，虽然明知超市饮料对身体有害，却难以拒绝其诱惑，不愿在家亲手制作健康饮料。本书中介绍的饮料配方，不仅有益健康，更为大家的口味着想，注重为口感和味道而配制。除了为大家介绍了很多人见人爱的饮品，本书还收入了几款流传至今的韩国传统饮料。作者们考虑周全、几经思量，经过多次修改不断完善配方。并且，书中的配方和制作步骤简洁易懂，一学即会。

饮料比食物更容易消化吸收。从现在开始，让我们为了自己和家人们的健康，一同制作有益健康和色香味俱全的家庭DIY饮料吧。家庭DIY饮料是守护家人健康的必备珍宝。

本书材料用量规格：杯子采用普通量杯，每杯200ml。勺子采用家中常用的茶勺，每勺5ml。

家庭DIY饮料的
材料和工具

1. 搅拌机

搅拌机是搅拌磨碎食材的最基本工具。目前有很多家电品牌都推出了功能多样的搅拌机，在购买时最好选用方便家庭使用、占地小、方便刷洗的小型搅拌机。实际上，很多家庭都同时拥有大容量高智能榨汁机和小型搅拌机，但相比来说，还是小型搅拌机使用起来更加方便快捷。

近年来，市面上已经出现了很多能自动分离果肉，并且具有滤除果肉功能的榨汁机。但是，为了能更多地吸收水果蔬菜中的纤维质，果肉果核也最好一起饮用，所以首先推荐使用搅拌机。搅拌机的刀面锋利、结构合理，能轻松搅碎冰块，制作冰沙也很方便。

2. 龙舌兰糖浆

众所周知，过多摄入白糖不利于身体健康。果糖比白糖更具危害性。人体如果过多摄入这类糖分，会造成血糖升高，并产生强烈的空腹感。本书饮料食谱中使用的龙舌兰糖浆，是从仙人掌中提取的纯天然浓缩汁，代替了白糖和果糖（传统饮料食醯和水正果除外）。龙舌兰糖浆的血糖生成指数为33～44，是血糖生成指数为110的白糖的1/3，而其甜度大约为白糖的1.5倍，所以具有用量少、口味甜、不会引起血糖大幅度升高的特点。另外，龙舌兰糖浆属于天然有机农产品，无任何化学添加剂，无任何有害人体健康的成分。与制作华夫饼时使用的枫糖浆不同，它没有气味，很适合充当饮食甜味剂。

龙舌兰糖浆不像蜂蜜那样甜度高、易凝固，更适于长时间储藏（用蜂蜜代替龙舌兰糖浆制作饮料也是可以的，但由于蜂蜜更甜，所以要适当减少用量）。此外，它还有令食品保湿的效果，将它添加在面包等食品中，能令口感柔软湿润。它的卡路里只有白糖的1/2，是绝佳的减肥瘦身食品。在大型商场和购物网均有销售。

3. 筛子（滤网）

如果家中的榨汁机没有滤网，也可以利用滤汤的筛网滤出果汁。还可以使用家庭用烤箱中的过滤网。

4. 漏斗

利用漏斗将滤网中滤出的果汁和搅拌机中的果肉汤汁导入广口瓶或玻璃瓶，可以使碎屑不粘连瓶壁，更加干净整洁。

5. 苏打水

制作甜饮时，用苏打水代替碳酸饮料，能使饮料产生气泡。在欧洲，自古就有饮用苏打水的习惯。苏打水有助消化的功效，清凉爽口，是经常感到胃胀的孕妇和老人喜爱的饮品。从成分上看，苏打水和普通矿泉水并没有太多不同，很适合在家制作饮料。近来众多水吧也都有苏打水销售，苏打水的人气可见一斑，如果您偏爱气泡感强的口味，建议使用进口苏打水，大型商场和网店均有销售。

6. 各种果蔬

从营养角度考虑，最好选用应季果蔬，或者在大型超市中容易买到的冷冻水果，这样可以轻而易举地在家里制作爱喝的饮料。如今冷冻水果的种类也在不断增加，如果实在购买困难，也可以用果干、果脯等代替。还可以选择没有添加剂的茶、茶包和果汁等。

7. 牛奶、酸奶、豆奶

在配制奶昔或甜点等饮料，选择需要添加的牛奶、酸奶、豆奶等时，首先要确保新鲜，然后确保没有任何食品添加剂成分。在使用牛奶时，选择低脂肪牛奶虽然能降低热量，可是牛奶的醇香感会有少许削弱。有些酸奶中使用低聚醣代替白糖，还有一些无添加剂、无色素的酸奶，推荐使用这类产品。

挑选豆奶时，市面贩卖的大部分产品都是使用进口黄豆制作的，并含有各种添加剂和糖分，为了健康，最好仔细选用那些没有添加剂的产品。

Part 1

无添加气泡果饮，
甜饮

家庭餐厅特色
橙汁甜饮

● 健康益处

　　橙子中含有大量维生素C，可以消除疲劳、恢复精力，有护肤美容、提高免疫力、预防感冒的功效。橙子中的叶酸和果胶成分有助于预防贫血和便秘。

● 准备材料（1人份标准）

　　橙子2个，龙舌兰糖浆6~7勺（或蜂蜜少量），苏打水1瓶（250ml），搅拌机，滤网，广口瓶，橙子酱——蜂蜜1.5勺，少许薄荷粉

制作步骤

1 橙子用盐水洗净，切成4块后剥去外皮和白色果皮，放入搅拌机。

2 放入6~7勺龙舌兰糖浆，搅拌均匀。

3 沿广口瓶内壁倒入半瓶苏打水（1瓶为250ml），防止气体释出。

4 将滤网放置瓶口，倒入橙子果肉，滤出果汁。

5 沿广口瓶内壁倒入剩余的苏打水。

6 将广口瓶放入冰箱冷藏，即可制成清凉可口的饮料。

TIPS

将滤网中的橙子果肉取出，放入蜂蜜，再撒上少许薄荷粉，就成了一款自制橙子果酱，可以涂在早餐面包上食用。

令皮肤富有弹性的
草莓甜饮

🔹 健康益处

草莓的维生素C含量比其他水果更丰富，并且含有一种叫鞣花酸的成分，可以阻止人体的胶原蛋白遭受破坏，有显著的预防皮肤产生皱纹的功效。草莓中的木糖醇成分，能坚固齿龈，预防牙周炎功效显著。

🔹 准备材料（1人份标准）

草莓1.5杯，龙舌兰糖浆6勺（或蜂蜜少量），苏打水1瓶（250ml），搅拌机，滤网，广口瓶

制作步骤

1 将草莓洗净，摘净梗茎，放入搅拌机。

2 放入6勺龙舌兰糖浆，搅拌均匀。

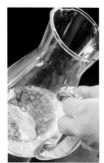

3 沿广口瓶内壁倒入半瓶苏打水（1瓶为250ml），以防止气体释出。

4 将漏斗放置在瓶口上，倒入草莓果肉果汁。

5 沿广口瓶内壁倒入剩余的苏打水。

6 在杯中放入冰块，倒入草莓甜饮，即可饮用。

令减肥无忧的
葡萄柚甜饮

● 健康益处

葡萄柚热量低，血糖生成指数低，具有减肥的效果。另外，葡萄柚独特的苦涩味道有分解脂肪的功效，它的防菌和抗酸化剂特性对于治疗胃溃疡以及胃肠疾病功效显著。

● 准备材料（1人份标准）

葡萄柚1个，龙舌兰糖浆7~8勺（或蜂蜜少量），苏打水1瓶（250ml），搅拌机，滤网，广口瓶

制作步骤

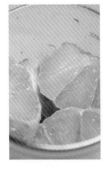

1
葡萄柚用盐水洗净，切成8块后剥去外皮和白色果皮，放入搅拌机。葡萄柚的白色果皮苦味过重，需要剥干净。

2
放入7~8勺龙舌兰糖浆（或蜂蜜少量），搅拌均匀。

3
沿广口瓶内壁倒入半瓶的苏打水，以防止气体释出。

4
将滤网放置瓶口，倒入葡萄柚果肉，滤出果汁。

5
倒入剩余的苏打水。

6
将广口瓶放入冰箱冷藏，即可制成清凉可口的饮料。

TIPS

用过的苏打水瓶可以代替玻璃杯，用于盛装饮料。像葡萄柚甜饮这样色彩感强的饮料，更适合装进玻璃瓶中，再放入吸管饮用，很有咖啡馆的情调。

消暑止渴的
西瓜甜饮

健康益处

夏季，西瓜是消暑解渴的佳品，既含有丰富的水分，又有降温消暑的功能。西瓜对于解酒和治疗腹泻也很有功效，可以用来消除宿醉，增强血液循环。另外，西瓜对头痛和眼睛充血也有一定疗效。

准备材料（1人份标准）

西瓜2杯，龙舌兰糖浆7勺（或蜂蜜少量），苏打水1瓶（250ml），搅拌机，滤网，漏斗，广口瓶

制作步骤

1 将西瓜切成适当大小，放入搅拌机，加入7勺龙舌兰糖浆。

2 将西瓜块和糖浆均匀搅拌。

3 沿广口瓶内壁倒入半瓶苏打水（1瓶为250ml），防止气体释出。

4 将滤网和漏斗放置在瓶口上，倒入西瓜果肉果汁。

5 沿广口瓶内壁倒入剩余的苏打水。

6 将广口瓶放入冰箱冷藏，即可制成清凉可口的饮料。

享受清爽滋味的
柠檬甜饮

健康益处

柠檬因含有丰富的维生素C，对于消除疲劳、恢复精力和护肤美容功效显著。另外，柠檬还能防止体温下降，抑制脂肪吸收，并有助于将多余脂肪排出体外，是一种效果极佳的减肥食品。

准备材料（1人份标准）

柠檬1个，龙舌兰糖浆7～8勺（或蜂蜜少量），苏打水1瓶（250ml），搅拌机，滤网，漏斗，广口瓶

制作步骤

1 柠檬用盐水洗净，切成4块后剥去外皮和白色果皮，放入搅拌机。

2 放入7～8勺龙舌兰糖浆，搅拌均匀。

3 沿广口瓶内壁倒入半瓶苏打水（1瓶为250ml），防止气体释出。

4 将滤网和漏斗放置瓶口，倒入柠檬果肉果汁。

5 沿广口瓶内壁倒入剩余的苏打水。

6 在杯中放入冰块，将制作完成的柠檬甜饮倒入杯中，在杯口装饰一片柠檬薄片，插入吸管，即可饮用。

饱含乳酸菌的
米酒甜饮

健康益处

米酒虽是酒类，但酒精度数较低，而且，米酒中的乳酸菌含量比酸奶中的乳酸菌含量还高，可以杀死肠胃中引起炎症的细菌，提高身体免疫力。米酒中还含有大量的活性酵母，可以促进人体的消化功能和排便功能。

准备材料（1人份标准）

米酒1杯，龙舌兰糖浆6~7勺（或蜂蜜少量），苏打水2瓶（500ml），搅拌机，广口瓶

制作步骤

1 沿广口瓶内壁倒入1瓶苏打水（250ml），防止气体释出。

2 在搅拌机中放入1杯米酒和6~7勺龙舌兰糖浆，均匀搅拌。

3 将搅拌机中的米酒和龙舌兰糖浆混合液体慢慢倒入装有苏打水的广口瓶中。

4 沿广口瓶内壁倒入剩余的1瓶苏打水（250ml）。

5 在杯中放入冰块，倒入米酒甜饮，即可饮用。

米酒性温，却和啤酒一样带有一定的酒精浓度，不胜酒量却想喝杯鸡尾酒的人很适合饮用这种米酒甜饮。此款饮料口感柔和，又有助于消化食物，适合食用肉类制品后饮用。

小酌怡情的
红葡萄酒甜饮

健康益处

红葡萄酒中含有多酚以及白藜芦醇等强抗酸成分，有利于防止老化，有抗癌功效，可以提高免疫力。每日一杯红葡萄酒对于预防心脏疾病颇具功效，还可以预防感冒。

准备材料（1人份标准）

红葡萄酒1/2杯，龙舌兰糖浆5勺（或蜂蜜少量），苏打水1瓶（250ml），柠檬片，红葡萄酒杯，广口瓶

制作步骤

1 将1/2杯红葡萄酒和5勺龙舌兰糖浆放入广口瓶中，搅拌均匀。

2 沿广口瓶内壁倒入1瓶苏打水（250ml），防止气体释出。

3 将红葡萄酒和龙舌兰糖浆混合液倒入盛苏打水的广口瓶，在红葡萄酒杯的底部放入几块切好的柠檬片。

4 将广口瓶放入冰箱冷藏，取出倒入红葡萄酒杯中即可饮用。

TIPS

近来，红酒受到广大消费者的厚爱，在各大超市都能买到物美价廉的红酒。制作红酒甜饮料时，即使没有甜红酒，也可以选择价格优惠的有机红酒。

防治感冒的
柑橘甜饮

健康益处

　　柑橘中含有丰富的维生素，可以预防感冒，这一点广为人知。除此之外，柑橘中还含有能预防白内障、心脏病、恶性肿瘤、口腔溃疡等疾病的药理成分。值得一提的是，柑橘中的香豆素具有抗菌的功效。

准备材料（1人份标准）

　　柑橘3个，龙舌兰糖浆5勺（或蜂蜜少量），苏打水1瓶（250ml），搅拌机，滤网，广口瓶

制作步骤

1 准备3个柑橘，剥去皮，切成适当大小，放入搅拌机。

2 放入5勺龙舌兰糖浆，搅拌均匀。

3 沿广口瓶内壁倒入半瓶苏打水（1瓶为250ml），防止气体释出。

4 将滤网放置瓶口，倒入柑橘果肉果汁。

5 沿广口瓶内壁倒入剩余的苏打水。

6 将广口瓶放入冰箱冷藏，即可制成清凉可口的饮料。

解毒功效显著的
梅子甜饮

健康益处

梅子的解毒功能早有应用，自古被用于治疗食物中毒、腹泻等因饮食不当引发的疾病。另外，梅子富含各种有机酸，其中的柠檬酸有助于分解肌肉中堆积的乳酸，有利于消除疲劳恢复精力。

准备材料（1人份标准）

梅子汁（参考附录）1/2杯，龙舌兰糖浆2勺（或蜂蜜少量），苏打水1瓶（250ml），广口瓶

制作步骤

1 沿广口瓶内壁倒入半瓶苏打水（1瓶为250ml），防止气体释出。

2 将梅子汁中放入2勺龙舌兰糖浆后搅拌均匀，倒入装有苏打水的广口瓶中。

3 沿广口瓶内壁倒入剩余的苏打水。

4 在杯中放入几块冰块，倒入梅子甜饮，即可饮用。

TIPS

家中自制的梅子汁中糖分含量较高，请根据所需甜度放入适量龙舌兰糖浆。

预防糖尿病的
樱桃甜饮

健康益处

樱桃除了有很强的抗酸化功能外，还能促进胰脏分泌胰岛素，有助于预防糖尿病。另外，它还含有褪黑素，能调节人体生物钟的节律，帮助人在夜晚入睡，对于患有失眠的人很有帮助。

准备材料（1人份标准）

樱桃1杯，龙舌兰糖浆7勺（或蜂蜜少量），苏打水1瓶（250ml），搅拌机，滤网，漏斗，广口瓶

制作步骤

1 将1杯樱桃清洗干净后放入搅拌机，再放入7勺龙舌兰糖浆。

2 利用搅拌机均匀搅拌。

3 沿广口瓶内壁倒入半瓶苏打水（1瓶为250ml），以防止气体释出。

4 将滤网和漏斗放置在瓶口上，然后倒入樱桃果肉果汁。

5 沿广口瓶内壁倒入剩余的苏打水。

6 在杯中放入冰块，倒入樱桃甜饮，即可饮用。

TIPS

樱桃在冷冻环境里可以保鲜1年。因其具有吸收水分的特性，所以保存时需要清洗干净，去除水分。可以在大型超市购买到冷冻樱桃。

堪比碱离子饮料的
甜瓜甜饮

● 健康益处

到了烈日炎炎的夏季，很多人喜欢喝碱离子饮料。甜瓜可以将身体环境转换成碱性，防止夏季因大量出汗身体内环境变成酸性。甜瓜的水分含量高达90%，是解暑消渴的最佳食品。甜瓜热量低，有利于减肥，具有利尿功能，有助于身体新陈代谢。

● 准备材料（1人份标准）

甜瓜2个，龙舌兰糖浆6勺（或蜂蜜少量），苏打水1瓶（250ml），搅拌机，滤网，漏斗，广口瓶

制作步骤

1 选择2个中等大小的甜瓜，去瓤切块，放入搅拌机。

2 放入6勺龙舌兰糖浆，利用搅拌机均匀搅拌。

3 沿广口瓶的内壁倒入1/2瓶的苏打水（1瓶的容量约为250ml），防止气体的释出。

4 将滤网和漏斗放置瓶口，倒入甜瓜果肉果汁。

5 沿广口瓶内壁倒入剩余的苏打水。

6 将广口瓶放入冰箱冷藏，即可制成清凉可口的饮料。

TIPS

甜瓜性凉，儿童食用过多容易引发腹泻，饮用时也最好不要加入冰块。

酸甜爽口赶走瞌睡的
五味子甜饮

🔹 健康益处

　　五味子因其含有五种味道而得名，它有益健康的功效也可见一斑。五味子具有令头脑灵活和滋养强身的功效，还非常有利于肺部健康，能消除疲劳恢复精力，白天可以饮用它来赶走瞌睡。

🔹 准备材料（1人份标准）

　　五味子汁（参考附录）1/2杯，龙舌兰糖浆5勺（或蜂蜜少量），苏打水1瓶（250ml），广口瓶，漏斗

制作步骤

1 将1/2杯五味子汁和5勺龙舌兰糖浆倒入杯中搅拌均匀。

2 沿广口瓶内壁倒入半瓶苏打水（1瓶为250ml），以防止气体释出。

3 将五味子汁和龙舌兰糖浆的混合液缓缓倒入苏打水瓶中。

4 沿广口瓶的内壁倒入剩余的苏打水。

5 在杯中放入冰块，倒入五味子甜饮，即可饮用。

守护心脏健康的
哈密瓜甜饮

健康益处

哈密瓜能防止血液黏稠，防止血液凝固，对于心脏疾病的预防和治疗功效显著，有助于血液循环。另外，它还含有番茄红素等抗癌物质，对于预防癌症很有帮助。

准备材料（1人份标准）

哈密瓜1/8个，龙舌兰糖浆6勺（或蜂蜜少量），苏打水1瓶（250ml），搅拌机，滤网，漏斗，广口瓶

制作步骤

1. 将哈密瓜8等分，取1/8去瓤切块，放入搅拌机。

2. 放入6勺龙舌兰糖浆，用搅拌机均匀搅拌。

3. 沿广口瓶内壁倒入半瓶苏打水（1瓶为250ml），防止气体释出。

4. 将滤网和漏斗放置瓶口，倒入哈密瓜果肉果汁。

5. 沿广口瓶内壁倒入剩余的苏打水。

6. 将广口瓶放入冰箱冷藏，即可制成清凉可口的饮料。

代替碳酸饮品的
柚子甜饮

● 健康益处

柚子中含有大量的维生素C，有助于消除疲劳恢复精力和预防感冒，又能促进消化液分泌，具有消除胃胀的功效。当您胃部感觉胀痛时，不妨试试这种有益健康的柚子甜饮吧。

● 准备材料（1人份标准）

柚子茶（参考附录）1.5杯，苏打水1瓶（250ml），搅拌机，滤网，漏斗，广口瓶

制作步骤

1 将1.5杯柚子茶倒入搅拌机充分搅匀。因柚子茶本身含有糖分，无需添加糖浆。

2 沿广口瓶内壁倒入半瓶苏打水（1瓶为250ml），以防止气体释出。

3 将搅拌机中的柚子茶通过漏斗倒入装有苏打水的广口瓶。

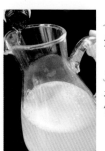

4 沿广口瓶内壁倒入剩余的苏打水。

5 在杯中放入冰块，倒入柚子甜饮，即可饮用。

TIPS

柚子不到季节就很难买到。如果夏季想喝上一杯清凉爽口的柚子甜饮，就需要拿出冬天喝剩下的柚子茶来制作。

祛头痛的
薄荷甜饮

健康益处

薄荷具有治疗头痛和集中注意力的功效，适合考生和上班族人群饮用。另外，薄荷还有提神效果，适合白天饮用，还可以在心情低落时喝上一杯，有助于安抚忧郁情绪。

准备材料（1人份标准）

薄荷茶包2个，热开水1杯，龙舌兰糖浆5勺（或蜂蜜少量），苏打水1瓶（250ml）

制作步骤

1 用1杯热开水冲泡2包薄荷茶包，5分钟后放入5勺龙舌兰糖浆，搅拌均匀。

2 等搅拌好的茶水充分变凉。沿广口瓶内壁倒入半瓶苏打水（1瓶为250ml），防止气体释出。

3 将变凉的茶水倒入广口瓶中，再沿广口瓶的内壁倒入剩余的苏打水。

4 在杯中放入冰块，倒入制作好的薄荷甜饮，即可饮用。

从头美到脚的
绿茶甜饮

健康益处

　　绿茶中含有的儿茶素有助于脂肪分解，有助于减肥。绿茶的护肤美容成分也很多，被广泛应用于化妆品生产。最近，又有新发现表明，绿茶具有防脱发功效，这才真是从头美到脚的美容佳品。

准备材料（1人份标准）

　　绿茶粉1勺，水1/4杯，龙舌兰糖浆7勺（或蜂蜜少量），苏打水1瓶（250ml），广口瓶，漏斗

制作步骤

1 在1/4杯水中放入1勺绿茶粉和7勺龙舌兰糖浆，利用搅拌机搅拌均匀。

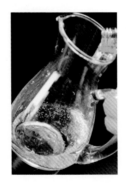

2 沿广口瓶内壁倒入半瓶苏打水（1瓶为250ml），以防止气体释出。

3 将步骤1中搅拌均匀的混合液通过漏斗倒入广口瓶，沿广口瓶内壁倒入剩余的苏打水。

4 在杯中放入冰块，倒入绿茶甜饮，即可饮用。

补肾强身的
覆盆子甜饮

健康益处

在中医药中，覆盆子具有强健肾脏功能的功效，而且能够明目。覆盆子对男性阳痿、女性不孕等疾病的治疗功效显著，还可以治疗男女性功能障碍等疾病。

准备材料（1人份标准）

覆盆子1杯，龙舌兰糖浆7勺（或蜂蜜少量），苏打水1瓶（250ml），搅拌机，滤网，漏斗，广口瓶

制作步骤

1 洗净1杯覆盆子放入搅拌机，再倒入7勺龙舌兰糖浆。

2 用搅拌机均匀搅拌。

3 沿广口瓶内壁倒入半瓶苏打水（1瓶为250ml），防止气体释出。

4 将滤网和漏斗放置瓶口，倒入覆盆子果肉，滤出果汁。

5 沿广口瓶内壁倒入剩余的苏打水。

6 将广口瓶放入冰箱冷藏，即可制成清凉可口的饮料。

Part 2

比咖啡馆饮料更可口的家庭DIY，

奶昔

甜美可口人人爱的
草莓奶昔

健康益处

草莓中含有丰富的维生素C，再加上牛奶和酸奶的营养成分，制成的草莓奶昔非常有利于身体健康。用冰冻草莓制成的奶昔，口感更加香甜清凉，而且比应季草莓价格低廉，购买后可以放在冰箱里冷冻保存，整年都能随时享用到清凉可口的草莓奶昔。

准备材料（1人份标准）

冰冻草莓1.5杯，龙舌兰糖浆4勺（或蜂蜜少量），牛奶1/2杯，原味酸奶2勺，冰块5块，搅拌机

制作步骤

1 将去除梗茎后的1.5杯冰冻草莓放入搅拌机中。

2 放入4勺龙舌兰糖浆，1/2杯牛奶，2勺原味酸奶和5块冰块。

3 利用搅拌机将材料充分搅拌。

4 用杯子盛装制成的草莓奶昔，放入小勺和吸管饮用。

TIPS

买一些应季草莓回家，摘除梗茎清洗干净后放入密封袋中冷冻保存。或者可以在超级市场中购买冰冻草莓。这样一整年都可以随时制作草莓奶昔了。

口感细腻绵滑的
香蕉豆腐奶昔

● 健康益处

香蕉中富含碳水化合物、维生素和无机质等成分，加上豆腐中含有的蛋白质，两种食物制成的饮品营养均衡口感细腻。用香蕉和豆腐制成的奶昔，口感细腻柔软、香甜润滑。

● 准备材料（1人份标准）

冰冻香蕉1.5个，嫩豆腐3勺，龙舌兰糖浆6勺（或蜂蜜少量），牛奶1/3杯，原味酸奶1勺，冰块4块，搅拌机

制作步骤

1 将香蕉去皮，切成适当大小，放入冰箱冷冻。

2 将冰冻香蕉、3勺嫩豆腐放入搅拌机，再放入6勺龙舌兰糖浆，1/3杯牛奶，1勺原味酸奶和4块冰块。

3 利用搅拌机将材料充分搅拌。

4 用杯子盛装制成的香蕉豆腐奶昔，放入小勺和吸管饮用。

抗老化的超级食品，
蓝莓奶昔

健康益处

　　蓝莓被评选为世界10大超级健康食品之一，最近又因其具有抗老化功效而备受关注。令人惊奇的不仅是它的外表，还有它所含有的生物类黄酮成分，这种成分可以防止年纪增长出现的记忆力减退现象，是真正具有抗老化作用的健康食品。

准备材料（1人份标准）

　　冰冻蓝莓2/3杯，龙舌兰糖浆6勺（或蜂蜜少量），牛奶1/3杯，原味酸奶1勺，搅拌机

制作步骤

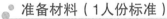

1 将2/3杯冰冻蓝莓放入搅拌机。

2 将6勺龙舌兰糖浆，1/3杯牛奶，1勺原味酸奶倒入搅拌机。

3 利用搅拌机将材料充分搅拌。

4 用杯子盛装制成的蓝莓奶昔，放入小勺和吸管饮用。

令全身健康受益的
奇异果奶昔

● 健康益处

奇异果不仅能帮助身体吸收钙质和铁质，还能维持体内骨骼和血管的健康，帮助治疗便秘，是一种能让身体各个部位都受益的健康食品。

● 准备材料（1人份标准）

冰冻奇异果2个，龙舌兰糖浆7勺（或蜂蜜少量），牛奶1/3杯，原味酸奶2勺，冰块4块，搅拌机

制作步骤

1 将奇异果去皮，切成两半，放入冰箱冷冻。

TIPS

奇异果可以分为绿奇异果和金奇异果，两种奇异果的味道都很鲜美，但是味道甜美的绿色奇异果中α胡萝卜素和纤维质含量更高，甜度较高的金色奇异果中叶酸含量更多，除了以上两点这两种奇异果没有太大差别，请根据自己口味来选择。

2 将冰冻奇异果，7勺龙舌兰糖浆，1/3杯牛奶，2勺原味酸奶和4块冰块放入搅拌机。

3 利用搅拌机将材料充分搅拌。

4 用杯子盛装制成的奇异果奶昔，放入小勺和吸管饮用。

明目的
菠萝芒果奶昔

健康益处

　　菠萝和芒果都属于热带水果，它们富含维生素A，具有改善夜盲症以及恢复视力等功效，特别是对于老人改善视力，调养视网膜效果显著，是难得的健康佳品。

准备材料（1人份标准）

　　菠萝+芒果1杯分量，龙舌兰糖浆6勺（或蜂蜜少量），牛奶1/3杯，原味酸奶1勺，冰块4块，搅拌机

制作步骤

1　将菠萝和芒果去皮，切成适当大小，放入冰箱冷冻。

2　将冰冻菠萝和芒果放入搅拌机，再放入6勺龙舌兰糖浆，1/3杯牛奶，1勺原味酸奶和4块冰块。

3　利用搅拌机将材料充分搅拌。

4　用杯子盛装制成的菠萝芒果奶昔，放入小勺和吸管饮用。

预防尿路疾病的
蓝莓蔓越莓奶昔

健康益处

草莓、蓝莓、蔓越莓因含有各种维生素和抗酸化物质而著称，它们的酸甜口味很受欢迎，另外它们在预防尿路相关疾病方面功效卓越，有助于治疗女性尿路感染和男性前列腺疾病。

准备材料（1人份标准）

冷冻蓝莓1/3杯，蔓越莓干1/3杯，冰冻草莓5个，龙舌兰糖浆6勺（或蜂蜜少量），牛奶1/3杯，原味酸奶3勺，冰块6块，搅拌机

制作步骤

1 将冰冻蓝莓、蔓越莓干和冰冻草莓放入搅拌机。

2 将6勺龙舌兰糖浆，1/3杯牛奶，3勺原味酸奶和6块冰块，放入搅拌机。

3 利用搅拌机将材料充分搅拌。

4 用杯子盛装制成的蓝莓蔓越莓奶昔，放入小勺和吸管饮用。

TIPS

冰冻蓝莓很容易买到，蔓越莓干能用于烘焙饼干和面包，用途很广。

缓解压力的
橙子红椒奶昔

健康益处

自古就有利用橙子的香味来缓解压力的做法，现在，在制作各种香水或洗浴用品时也会添加橙子的香味。橙子再加上富含维生素的红椒，是有助于缓解压力的健康饮料。

准备材料（1人份标准）

橙子2个，红椒1/4个，龙舌兰糖浆6勺（或蜂蜜少量），牛奶1/2杯，原味酸奶3勺，冰块7块，搅拌机

制作步骤

1 将橙子去皮，切成适当大小，放入冰箱冷冻。

2 将冰冻橙子和切成适当大小的红椒放入搅拌机，再放入6勺龙舌兰糖浆，1/2杯牛奶，3勺原味酸奶和7块冰块。

3 利用搅拌机将材料充分搅拌。

4 用杯子盛装制成的橙子红椒奶昔，放入小勺和吸管饮用。

TIPS

即使放入少量的红椒也会有辛辣味道。在和橙子制成奶昔前，先把红椒浸在水中，对于减轻红椒自身的辣味很有帮助。

强肾健脾的
南瓜栗子奶昔

健康益处

　　南瓜有助于提高免疫力，具有强健脾脏功能，但消化所需时间较长，胃肠不好的人请谨慎食用。建议可以将南瓜和栗子一起食用，因为栗子能促进胃肠蠕动，另外栗子对于肾脏也有益处，这样就能同时强肾又健脾了。

准备材料（1人份标准）

　　煮熟的南瓜1杯，煮熟的栗子7个，龙舌兰糖浆7勺（或蜂蜜少量），牛奶1/2杯，原味酸奶2勺，冰块6块，搅拌机

制作步骤

1 将南瓜和栗子去皮煮熟，放入冰箱冷冻。

2 将南瓜和栗子放入搅拌机中，再放入7勺龙舌兰糖浆，1/2杯牛奶，2勺原味酸奶和6块冰块。

3 利用搅拌机将材料充分搅拌。

4 用杯子盛装制成的南瓜栗子奶昔，放入小勺和吸管饮用。

TIPS

栗子和南瓜在煮熟后甜味更浓，口感更柔软。注意，只有煮熟后食用才能充分感受到其甜味十足的口感。

调节皮脂分泌的
苹果西蓝花奶昔

健康益处

苹果含有调节皮脂分泌的成分，被广泛应用于化妆品的生产制作。西蓝花则含有丰富的维生素和萝卜硫素成分，对于除痘和改善油性肤质功效显著，并有一定的抗癌功效。苹果和西蓝花一同食用对于调节皮脂分泌很有帮助。

准备材料（1人份标准）

苹果1.5个，西蓝花1/4个，龙舌兰糖浆6勺（或蜂蜜少量），牛奶1/3杯，原味酸奶3勺，冰块7块，搅拌机

制作步骤

1 将苹果洗净去皮，切成适当大小，放入搅拌机；再将西蓝花也洗净切块，放入搅拌机中。

2 将6勺龙舌兰糖浆，1/3杯牛奶，3勺原味酸奶和7块冰块，放入搅拌机。

3 利用搅拌机将材料充分搅拌。

4 用杯子盛装制成的苹果西蓝花奶昔，放入小勺和吸管饮用。

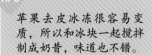

TIPS

苹果去皮冰冻很容易变质，所以和冰块一起搅拌制成奶昔，味道也不错。

浓郁香甜的滋味，
油茶面香蕉奶昔

健康益处

油茶面是含有多种谷物的粉末状食物，营养丰富。各种谷物的香味伴着香蕉甜甜的味道，使口味更加香甜。两个材料含有丰富的碳水化合物、无机质和维生素，再加上牛奶和酸奶中含有的蛋白质，使这种饮品可以代替早餐，而且营养均衡。

准备材料（1人份标准）

油茶面3勺，香蕉1/2个，龙舌兰糖浆6勺（或蜂蜜少量），牛奶1/3杯，原味酸奶3勺，冰块10块，搅拌机

制作步骤

1 将1/2个香蕉切成适当大小，和3勺油茶面一起放入搅拌机。

TIPS

油茶面香蕉奶昔可以代替饭菜，如果想吃饱或者作为孩子的零食加餐，可以加几块糕点。还可以将糕点切成小块，作为装饰物插在杯子的边缘。

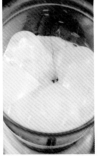

2 将6勺龙舌兰糖浆，1/3杯牛奶，3勺原味酸奶和10块冰块，放入搅拌机。

3 利用搅拌机将材料充分搅拌。

4 用杯子盛装制成的油茶面香蕉奶昔，放入小勺和吸管，即可饮用。

预防雀斑的
柿子奶昔

健康益处

　　柿子中的胡萝卜素和维生素C含量是柑橘的2倍，具有防止脸上长出雀斑的
功效。柿子有利于心脏和肺的健康，可以消暑解渴，是夏
季食用的佳品。最近研究表明，柿子对治疗过敏性疾患很
有功效，因此备受关注。

准备材料（1人份标准）

　　冰冻柿子2个，龙舌兰糖浆6勺（或蜂蜜少量），牛奶
1/4杯，原味酸奶2勺，搅拌机

制作步骤

1 将2个冰冻柿子放入
搅拌机，再放入6勺
龙舌兰糖浆，1/4杯牛
奶，2勺原味酸奶。

2 利用搅拌机将材料充
分搅拌。

3 用杯子盛装制成的柿子奶昔，
放入小勺和吸管饮用。

TIPS

柿子的甜美味道和软软的
口感，是老少皆宜的水
果，但因其含有止泻的成
分，食用过多容易患上便
秘，注意一天中不要食用
过多。

饱含热带风情的
热带水果奶昔

● 健康益处

哈密瓜、木瓜、芒果、菠萝等热带水果的甜度都很高，有利于消暑解渴和帮助消化。分别食用虽然也很可口，将几种不同口味的热带水果集中到一起，制成爽口清凉的奶昔则更有利于炎炎夏日驱赶暑热。

● 准备材料（1人份标准）

哈密瓜+木瓜+芒果+菠萝混合水果1.5杯分量，龙舌兰糖浆7勺（或蜂蜜少量），牛奶1/4杯，原味酸奶2勺，搅拌机

制作步骤

1 将哈密瓜、木瓜、芒果、菠萝去皮，切成适当大小，放入冰箱冷冻。

2 将1.5杯冰冻混合水果放入搅拌机中。

3 将7勺龙舌兰糖浆，1/4杯牛奶，2勺原味酸奶，放入搅拌机。

4 利用搅拌机将材料充分搅拌。

5 用杯子盛装制成的热带水果奶昔，放入小勺和吸管饮用。

强抗酸化的
樱桃覆盆子奶昔

健康益处

最近，红色食品正因其具有很强的抗酸化效果，在保持青春方面备受关注。红色食品中最具有代表性的樱桃和覆盆子一起食用，能去除体内活性酸素，防止老化，让身体机能更加平稳。

准备材料（1人份标准）

冰冻樱桃1/2杯，冰冻覆盆子1杯，龙舌兰糖浆7勺（或蜂蜜少量），牛奶2/3杯，原味酸奶2勺，搅拌机

制作步骤

1 将冰冻樱桃和覆盆子放入搅拌机，再放入7勺龙舌兰糖浆，2/3杯牛奶，2勺原味酸奶。

2 利用搅拌机将材料充分搅拌。

3 用杯子盛装制成的樱桃覆盆子奶昔，放入小勺和吸管饮用。

补充纤维质的
哈密瓜香蕉奶昔

健康益处

哈密瓜和香蕉都含有丰富的维生素和纤维质，特别是纤维质的含量比其他水果都丰富。它们可以补充现代人很容易缺少的纤维质成分，因此，还有促进胃肠蠕动功能，对预防和治疗便秘很有效果。

准备材料（1人份标准）

哈密瓜2杯，香蕉2/3个，龙舌兰糖浆6勺（或蜂蜜少量），牛奶2/3杯，原味酸奶2勺

制作步骤

1 将哈密瓜和香蕉洗净去皮切成适当大小，放入冰箱冷冻。

2 将冰冻哈密瓜和香蕉放入搅拌机，再放入6勺龙舌兰糖浆，2/3杯牛奶，2勺原味酸奶。

3 利用搅拌机将材料充分搅拌。

4 用杯子盛装制成的哈密瓜香蕉奶昔，放入小勺和吸管饮用。

减肥饮品的首选，
香蕉豆奶奶昔

● 健康益处

最近在日本引起大众广泛注意的人气减肥食品就是香蕉和豆奶食品。香蕉不但是维生素和无机质的摄取源，还有助于体内循环和排出体内废物；豆奶的异黄酮成分是类似女性荷尔蒙类的雌性激素成分，有利于减肥。

● 准备材料（1人份标准）

冰冻香蕉1个，豆奶1杯，龙舌兰糖浆5勺（或蜂蜜少量），原味酸奶3勺，冰块5块

制作步骤

1 将香蕉去皮，切成适当大小，放入冰箱冷冻。

2 将冰冻香蕉放入搅拌机，再放入1杯豆奶，5勺龙舌兰糖浆，3勺原味酸奶和5块冰块。

3 利用搅拌机将材料充分搅拌。

4 用杯子盛装制成的香蕉豆奶奶昔，放入小勺和吸管饮用。

TIPS

豆奶中的异黄酮成分对于女性非常有益，但是超市卖的豆奶中常常含有大量食品添加剂或含糖量过高，在购买时最好选用无添加剂豆奶，这样才能对健康和减肥都有益。

结结实实吃饱的

红薯奶昔

健康益处

朝鲜时代英祖（1763年）王朝时期，红薯传入朝鲜。那时食物不足，红薯能充当饭食果腹之用。如今，由于红薯比饭的热量低，在胃肠中停留时间较长，很适合用作减肥食品。红薯中含有一天所需的维生素C，经过任何料理过程后，都有70%~80%未遭到破坏。红薯还有助于护肤美容。

准备材料（1人份标准）

冰冻红薯1个，龙舌兰糖浆5勺（或蜂蜜少量），原味酸奶3勺，冰块5块

制作步骤

1 将红薯蒸熟后去皮，切成适当大小，放入冰箱冷冻。

2 将冰冻红薯放入搅拌机，再放入5勺龙舌兰糖浆，3勺原味酸奶和5块冰块。

3 利用搅拌机将材料充分搅拌。

4 用杯子盛装制成的红薯奶昔，放入小勺和吸管饮用。

Part 3

水果的甜蜜大变身，

甜点

ves

清爽凉快的
水果鸡尾酒

健康益处

在外国影视剧中，各种派对的必备甜点就是鸡尾酒！尽管大家对鸡尾酒还感觉陌生，但其实它的制作方法还是比较简单易学的。也不必担心如何将水果切得美观大方。只需将家中常备水果切成块状，就可以制成没有酒精的健康的鸡尾酒与亲朋好友共享了。

准备材料（1人份标准）

苹果，菠萝，橘子，西瓜，樱桃等各种水果（注意色彩搭配），橙子2个，苏打水1瓶（250ml），龙舌兰糖浆6勺（或蜂蜜少量）

制作步骤

1 将水果切成块状，放入杯中，摆放整齐。

2 将橙子去皮切块，放入搅拌机，再倒入6勺龙舌兰糖浆，搅拌均匀，与苏打水一起制成橙子甜饮。（制作方法详见橙子甜饮制作章节。）

3 将冰好的橙子甜饮倒入水果杯中，即可与客人共享。

人人都会做的
水果冷甜点

健康益处

冷甜点是咖啡馆和西餐厅人气很高的甜点。但是，众所周知，超市或餐厅的冷甜点不管是点心还是冰淇淋，其中都含有大量食品添加剂。让我们在家里，尝试用新鲜的水果、值得信赖的鲜奶油和谷物麦片来自制既健康又美味的冷甜点吧。

准备材料（1人份标准）

鲜奶油，哈密瓜，西瓜，橘子，苹果，菠萝，樱桃（各种喜爱的水果），谷物麦片，饼干棒

制作步骤

1 拿出经过冷藏保鲜的鲜奶油，用搅拌器将鲜奶油搅拌成膏状，放入杯中。

2 将切成适当大小的水果放在鲜奶油上面。

3 再在水果上面覆盖一层经过搅拌后的新鲜奶油。

4 最后将谷物麦片和樱桃摆在上面，插入饼干棒，即可食用。

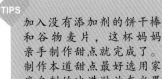

TIPS

加入没有添加剂的饼干棒和谷物麦片，这杯妈妈亲手制作甜点就完成了。制作本道甜点最好选用家庭自制的冰淇淋放在水果里面，如果没有的话也可以用经冷藏后的鲜奶油制作，同样味道鲜美。

只要品尝一口就无法抗拒的温柔，

水果酸奶

健康益处

家中时不时会有些水果因在冰箱中存放过久而不再新鲜，可谓是食之无味弃之可惜。此时，给大家提一个建议，不妨试着用这些水果制成甜点，供不爱吃水果的朋友们享用。制作方法简单，只要品尝一口便会融化在它那温柔口感中。只需5分钟就能制成。

准备材料（1人份标准）

酸奶1杯，适量水果（橘子，苹果，樱桃，菠萝等）

制作步骤

1 将家中存放的水果各切出一小块。橘子去皮切成块，西瓜去籽切成块。

2 将1杯酸奶倒入装有水果的杯中。

3 用樱桃等水果作为装饰品放入杯中，再插入小勺即可食用。

TIPS

也许您觉得这种甜点制作方法过于简单，但是老话说"品相好，胃口才好"。颜色深的水果放在底部和表面，颜色浅的水果放在中间。选择水果时，香脆和软嫩的水果相互搭配口感更佳，味道浓的水果比味道淡的水果更适合制成水果酸奶。放入酸奶后，需上下摇晃杯身，酸奶才会在杯中均匀分布。

酸甜柔润的
双莓酸奶

健康益处

炎热夏季，为了恢复食欲有时很想饮用不同颜色的饮料。每到这时，选择这种口感温软的酸奶怎么样？我们在家也可以自制这种酸奶饮品。酸奶的温软口味，再加上防止老化和有益健康的黑莓和蔓越莓的清凉口味，一定能恢复我们被炎热夺走的食欲。

准备材料（1人份标准）

酸奶1杯，黑莓+蔓越莓1/2杯分量

制作步骤

1 将1杯酸奶缓缓地放入搅拌机。

2 将1/2杯冰冻的黑莓和蔓越莓放入搅拌机。

3 利用搅拌机均匀搅拌材料。

4 将完成后的双莓酸奶倒入碗中食用。

TIPS

大部分的酸奶中都含有甜味，不用加入龙舌兰糖浆。如果是无糖酸奶，可以根据个人口味放入龙舌兰糖浆或蜂蜜。

招待客人的王牌甜点，
气泡水果清凉饮

健康益处

在接待客人时，有一些手艺好的主人可以将水果切成兔子模样或四方块，让水果看起来美观，但是切起来容易，切得漂亮就很难了。有没有一类甜点既可以在正餐开始之前用来缓和气氛，又可以在正餐后拿出来招待客人的呢？比起样子好看，更重要的是用来调节气氛的饮料。

准备材料（1人份标准）

西瓜，橙子，菠萝，苹果等各种水果，柠檬汁，苏打水1瓶（250ml）

制作步骤

1 选取适量水果切块，放入杯中；将橙子去皮，放入杯中。

2 再取出在冰箱中冷藏保存的1瓶苏打水。

3 将苏打水沿玻璃杯内壁缓缓地倒入杯中，倾斜杯口防止气体释出。

4 滴入两三滴清凉爽口的柠檬汁。

TIPS

客人较多时，将水果分别放入透明的塑料杯中，交给客人饮用前直接倒入苏打水。在每位客人的杯子边点缀一片柠檬片，不费力又美观，令人食欲大开，品尝到水果的新鲜口味。这道气泡水果清凉饮是用来招待客人的佳品。

品尝西班牙风味，
桑格里厄汽酒

健康益处

桑格里厄汽酒是西班牙的特色饮品。在家里也能使用健康无添加剂的材料制成可以放心饮用的桑格里厄汽酒。如果在仲夏夜，喝着隐隐流露出水果香味的冰爽的红葡萄酒，会误以为自己是坐在西班牙的海边乘凉。这道饮料在女孩子们的聚会上可以饮用，也可以在派对酒席上饮用。

准备材料（1人份标准）

红葡萄酒1杯（或者3/4瓶），苏打水3～5杯，龙舌兰糖浆1/2～1杯（或蜂蜜少量），柠檬，苹果，橙子等水果，广口瓶

制作步骤

1 将1杯红葡萄酒倒入瓶中，再将1杯苏打水沿广口瓶内瓶壁缓缓地倒入，防止气体释出。

2 将切成薄片的水果放入酒中浸泡。多放几片柠檬，味道会更显清爽。

3 将广口瓶放入冰箱，冷藏2～3个小时，使果味能完全浸入酒中。

4 根据个人口味加入龙舌兰糖浆，调节甜度。（干红葡萄酒放入1杯龙舌兰糖浆，红葡萄酒放入1/2杯。）

5 将剩下的苏打水在饮用前倒入。

TIPS

没有一开始就将全部苏打水倒入的原因是，气泡在喝之前就全部释出会降低喝酒时的口感。一开始，倒入适量苏打水，等水果的果味完全浸入酒中，在饮用前倒入剩下的苏打水，会增加饮料的清凉口感，使其味道更佳。并且，喜欢酒的强烈味道的人，可以倒入3～4杯苏打水，喜欢清淡酒味的人放入5杯即可。

清脆爽口的脆冰甜点，
橙子冰沙

健康益处

橙子含有丰富的维生素C，有助于恢复精力和美容护肤。橙子用于制作甜饮和果汁很受欢迎，但是也可以用来制成口感清脆的冰沙来饮用。由于超市的冰淇淋里有大量的食品添加剂，近来有更多的人热衷于家庭自制冰淇淋。虽然用时较长，但是这种冰沙能带给你另一种清脆凉爽的口感。

准备材料（1人份标准）

橙子1个，龙舌兰糖浆7勺（或蜂蜜少量），苏打水1/4瓶

制作步骤

1　将1个橙子剥皮，放入搅拌机；再放入7勺龙舌兰糖浆，均匀搅拌。

2　在搅碎的果肉里加入1/4瓶苏打水，放进宽大的盒中，放入冰箱冷冻。（在橙汁结冰时，能顺利刮出冰沙的宽大盒子。）

3　冷冻4~5个小时后，使用结实的勺子或叉子，从上至下，将冰沙刮出。

4　再放入冰箱，稍微冰冻，再次刮出冰沙，放入容器中食用。

恢复气力消毒祛热的
柿子冰沙

● 健康益处

您有过应季摘下许多柿子，结果因为存放过久，柿子变软变质而扔掉的经历吗？这个时候，请先将柿子放入冰箱冷冻起来。到了炎热的夏季，利用柿子有助于消除疲劳恢复精力的性能，帮自己赶走暑热和疲劳，制成柿子冰沙吧！

● 准备材料（1人份标准）

柿子2个，龙舌兰糖浆6勺（或蜂蜜少量）

制作步骤

1 将2个柿子去皮放入搅拌机，再加入6勺龙舌兰糖浆。

2 利用搅拌机搅拌均匀。

3 将搅拌均匀后的柿子汁装入宽的盒中，放进冰箱冷冻。

4 冷冻4～5个小时后，使用结实的勺子或叉子，从上至下，将冰沙刮出。再放入冰箱，稍微冰冻，再次刮出冰沙，放入容器。

5 在盛装冰沙的容器中放入小勺，即可食用。

TIPS

如果没有足够的时间制成冰沙，可以从冷冻箱中取出冰冻的柿子，在客人来之前提前1～2个小时自然解冻。吃的时候容易弄脏手，可以将柿子皮剥开，提供小勺挖着吃，这样客人们就能吃到冰爽可口的柿子冰沙了。

新鲜爽口的
苹果冰沙

健康益处

苹果中含有对视力好的重要成分，维生素A，还有硒，以"明目的水果"著称。苹果的果胶对肠胃有益，苹果的有机酸能解除压力。像这样有益健康的苹果，制成冰沙后，压力也好像能随着冰沙入口即化消失得无影无踪。

准备材料（1人份标准）

苹果1个，龙舌兰糖浆6勺（或蜂蜜少量），苏打水1/4瓶（250ml）

制作步骤

1 将1个苹果切块，和6勺龙舌兰糖浆放入搅拌机。

2 用搅拌机搅拌均匀。

3 在搅碎的果肉里加入1/4瓶苏打水，放进宽大的盒中，放入冰箱冷冻。

4 冷冻4～5个小时后，使用结实的勺子或叉子，从上至下，将冰沙刮出。再放入冰箱，稍微冰冻，再次刮出冰沙，放入容器中食用。

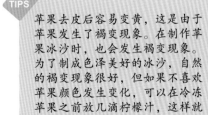

TIPS

苹果去皮后容易变黄，这是由于苹果发生了褐变现象。在制作苹果冰沙时，也会发生褐变现象。为了制成色泽美好的冰沙，自然的褐变现象很好，但如果不喜欢苹果颜色发生变化，可以在冷冻苹果之前放几滴柠檬汁，这样就可以阻止褐变现象。

祛热止渴的
梨子冰沙

健康益处

　　梨属于强碱性食品，有助于喜欢肉食的人的血液中性化。梨的食物纤维含量很高，有助于解除便秘，有降热去火的性质。并且，口渴严重时，酒醉时，梨能促进肝脏活动，解酒止渴。梨还有助于糖尿病的治疗，餐后食用有助于排出体内致癌物质。

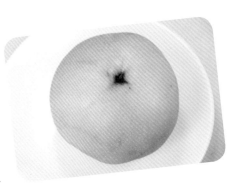

准备材料（1人份标准）

　　梨1/2个，龙舌兰糖浆7勺（或蜂蜜少量），苏打水1/4瓶

制作步骤

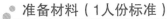

1 将1/2个梨切块，放入7勺龙舌兰糖浆。

2 利用搅拌机搅碎，在果肉中放入1/4瓶苏打水，放入宽大的盒中。

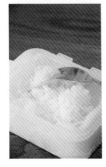

3 冷冻4～5个小时之后，使用结实的勺子或者叉子，从上至下，将冰沙刮出。再放入冰箱，稍微冰冻，再次刮出冰沙。

4 刮出的冰沙装入容器中，即可食用。

成年人的零食，
红葡萄酒冰沙

健康益处

在法国，冰沙是在吃完一道料理后，品尝另一道料理前，食用的食品，用于清新口味。一般，在就餐中途用冰沙招待客人，选用甜味较少的酒类冰冻制作。在著名的红葡萄酒漫画书中，父亲为了孩子，把那天要喝的红葡萄酒事先制成红葡萄酒冰沙准备起来。在心情愉快，气氛愉悦的餐桌上，饮用少量的酒精可以怡情。

准备材料（1人份标准）

红葡萄酒1杯，龙舌兰糖浆7勺（或蜂蜜少量）

制作步骤

1 在1杯红葡萄酒中倒入7勺龙舌兰糖浆。

2 搅拌均匀，装入饮料杯中，放入冰箱，冷冻4~5个小时。

3 用叉子或勺子刮微冻的红葡萄酒。

4 将取出的红葡萄酒再次放入冰箱冰冻，再取出食用。

苹果的个性变身，
绿茶苹果冰饮

● 健康益处

有助于治疗便秘、高血压、乳房癌、肥胖等疾病，是一种能令身体健康结实的宝石般水果。在容易患上食物中毒的夏季，苹果能助消化，有杀菌作用，喝下这种苹果果汁更有效果。再加上生姜有助于治疗女性虚冷症或月经不调等症状，对于手脚冰冷的人也很有疗效。

● 准备材料（1人份标准）

苹果1个，肉桂粉1勺，生姜1个，绿茶茶包1个，水3杯，蜂蜜3勺，冰块

制作步骤

1 将1个苹果去皮切块，再将1个生姜切成块，一同放入水壶中。

2 放入研磨好的1勺肉桂粉。（直接购买肉桂，在家中研磨成粉状。）

3 放入3勺蜂蜜，然后倒入3杯水，用中火煮30分钟。

4 充分煮好后，捞出苹果等物，滤出茶汁。

5 将绿茶茶包放入热茶汁浸泡3分钟。

6 泡出绿茶香味后，冷却茶汁，倒入放有冰块的杯子即可饮用。

身心俱疲时的饮品，
姜汁汽水

健康益处

生姜特有的辣味成分能刺激胃黏膜分泌胃液，促进消化，对治疗腹痛和腹泻有显著效果。在容易出现胃肠疾病的炎热天气，姜汁汽水是不可比拟的可口饮料。热热乎乎的生姜茶虽然很好，但是气泡感很强的苏打水更添清凉感觉。

准备材料（1人份标准）

生姜1/2杯，水1.5杯，龙舌兰糖浆5勺（或蜂蜜少量），苏打水1/2杯

制作步骤

1
将切成薄片的1/2杯生姜，5勺龙舌兰糖浆，1.5杯水放入锅中，中火煮20～30分钟。

2
煮好后，将生姜捞出，姜汁放入冰箱冷藏。

3
在经过冷藏之后的生姜汁中倒入1/2杯苏打水，防止气体释出。

4
在杯中放入冰块，倒入姜汁饮用。

TIPS

身体疲劳时，将冰箱中的姜汁取出倒入热水中，制成姜茶饮用。在制作姜汁汽水时，倒入1层姜汁，再倒入1层苏打水，1层姜汁，1层苏打水，富有层次感的样子更好。但在平时，按照上面介绍的方法，制成普通样子即可。

香浓甜美的苏醒剂，
巧克力冰饮

健康益处

让所有人都拥有能陷入甜蜜恋爱的魔法巧克力冰饮，适合和恋人一同品尝。巧克力中含有可可碱，和咖啡因有相似的兴奋作用，但并不强烈，男女老少皆宜。这款饮料中富含能提高集中注意力的可可，在疲劳时喝一杯浓香甜美的冰巧克力非常解乏。

准备材料（1人份标准）

巧克力1/2杯，牛奶1杯，冰块5~6个

制作步骤

1 将1/2杯巧克力切块，放入锅中，小火微热慢慢融化。

2 准备1/2杯牛奶。

3 将1/2杯牛奶倒入装有巧克力的锅中，稍微加热。（加热到有轻微气泡为止。）

4 倒入杯中，再倒入剩下的1/2杯牛奶。

5 放入冰箱冷藏，倒入放好冰块的杯中即可饮用。

TIPS

融化巧克力时，使用制面包用的巧克力味道更浓更香醇。在融化巧克力时，一定保证锅中没有水分。突然放入热水会使巧克力糊掉，必须从低温开始一点点升温融化。另外，要想品尝其他味道，还可以制成奶茶后，在奶茶中放入巧克力，饮用时能品尝到润滑温婉的口感。

永葆青春的
石榴冰茶

健康益处

石榴是男女老少皆宜的水果，特别因对女性有好处而著称。它含有对生殖周期影响很大的天然植物雌激素，对于更年期女性效果显著。石榴果实和果皮对于预防高血压和动脉硬化很有疗效，改善糖尿病症状，护肤美容效果显著。

准备材料（1人份标准）

石榴汁1/2杯，红茶糖浆（龙舌兰糖浆6勺或蜂蜜少量，红茶茶包2个，热水1杯）1/2杯，冰块

制作步骤

1 将2个红茶茶包放入1杯热水中浸泡5分钟，泡出茶香后捞出茶包。

2 红茶中放入6勺龙舌兰糖浆，制成红茶糖浆，稍凉后放入冰箱冷藏。

3 在放入冰块的杯子中倒入1/2杯红茶糖浆。

4 再倒入经过冷藏后的石榴汁。在杯边点缀柠檬片。

TIPS

最近，在超市很容易买到无添加剂的100%石榴汁，使用这种石榴汁制作饮料很方便。

口感舒适兼顾健康的
石榴鸡尾酒

● 健康益处

　　石榴中含有能促进葡萄糖分泌的柠檬酸，促进新陈代谢的水溶性维生素，有助于生理机能的矿物质，能缓解怀孕害喜症状，是一种奇特的水果。想食用方便或想避开酸味的人，特别推荐这种简单的无酒精鸡尾酒，以供享用。

● 准备材料（1人份标准）

　　石榴汁1/2杯，龙舌兰糖浆（或蜂蜜少量），水果适量（菠萝，香蕉，西瓜，柠檬，梨，奇异果等）

制作步骤

1 将各种水果切成适当大小放入杯中。

2 将1/2杯石榴汁倒入盛有水果的杯中，放入冰箱冷藏。

3 品尝口味，喜欢甜味，可以多加龙舌兰糖浆，冷藏后饮用味道更佳。

Part 4

清凉可口的健康饮品，

茶

清火去毒的
柿饼凉茶

健康益处

由柿子晒干制成的柿饼可以治疗咳嗽，祛痰，有将身体吸收的胆固醇排出体外的功效。柿饼凉茶不仅在治疗咳嗽和支气管炎症方面功效显著，还能解酒和止泻。

准备材料（1人份标准）

柿饼5个，大枣10枚，汤锅，水6杯，龙舌兰糖浆适量（或蜂蜜少量）

制作步骤

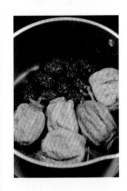

1 将柿饼和大枣放入水中冲洗干净，待用。

2 将柿饼切半，和大枣一同放入锅内，倒入6杯水大火煮沸后，小火煮30十分钟。

3 使用滤网从煮好的茶中捞出柿饼和大枣，剩下茶汁。

4 茶汁冷却后，放入冰箱冷藏，饮用时倒入茶杯，放几粒枣点缀，再加入适量龙舌兰糖浆。

清凉爽口的
柠檬凉茶

● 健康益处

　　常饮柠檬茶有美容养颜的功效，还能够消除疲劳恢复精力。这款饮料制作方法简单，又可以长时间保存。清新甜美的味道可以转换心情，冷藏后味道更加清爽。柠檬有保持体温的作用，是夏季首选健康饮料。

● 准备材料（1人份标准）

　　柠檬1.5个，与柠檬等量的蜂蜜和龙舌兰糖浆的混合液

制作步骤

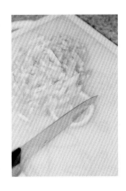

1 柠檬用盐水洗净，连皮带肉切成条状。

2 将玻璃密封瓶消毒，装入切好的柠檬，再放入蜂蜜和龙舌兰糖浆混合液。

3 盖紧密封盖，在常温下放置2～3个小时，完全浸泡后，放入冰箱冷藏一天。

4 取出2～3勺柠檬茶放入杯中，倒入凉水，即可饮用清凉可口的柠檬茶了。

清咽利喉的
生姜凉茶

● 健康益处

　　生姜的辣味具有杀菌功效，能防止细菌感染，又具有祛热功效。另外，它独特的味道能清咽润喉，具有消炎作用，在感觉沉闷时可以饮用。

● 准备材料（1人份标准）

　　生姜1块，大枣10枚，水5杯，松仁，龙舌兰糖浆（或蜂蜜少量）

制作步骤

1 生姜洗净切片，大枣洗净，同放入锅中。

2 放入5杯水煮沸之后，再改用小火继续煮20分钟。

3 用滤网从煮好的茶中捞出生姜和大枣，剩下茶汁。

4 等茶汁冷却后，放入冰箱冷藏，饮用时倒入茶杯，放几粒松仁点缀，再加入适量龙舌兰糖浆或蜂蜜。

助消化的
橘皮凉茶

● 健康益处

据中医药方中记载，消化不良时服用橘皮有助于消化，橘皮是天然的消化剂。恶心积食时，喝橘皮茶很有效，对于脾胃不好的人也很有益。橘皮比橘子果肉含有的维生素更多，喝橘皮凉茶更有益于吸收维生素。

● 准备材料（1人份标准）

5个橘子的橘皮，水6杯，龙舌兰糖浆6勺（或蜂蜜少量）

制作步骤

1 橘子用盐水清洗干净，完全去除表皮残余农药，剥下橘皮放在阳光充足的地方晒一周。

2 将晒干的橘皮切成条状，放入锅中，再放入6杯水和6勺龙舌兰糖浆。

3 中火煮20分钟后，用滤网捞出橘皮。

4 等茶汁冷却后，放入冰箱冷藏，饮用时倒入茶杯，放些冰块口感更佳。

> **TIPS**
> 将橘皮用盐水或醋清洗几遍之后，残留在表皮上的农药基本能够去除。即便如此，为了孩子们能吃到放心的食品，最好还是选用有机柑橘。

治疗感冒嗓子疼的
梨蜜凉茶

健康益处

梨有益于呼吸器官的健康。梨、生姜和蜂蜜一同煮水服用能治疗感冒嗓子疼，祛痰止咳，趁热喝效果更好，夏季也可以冷藏后饮用，更能品尝到梨子特有的清爽味道。

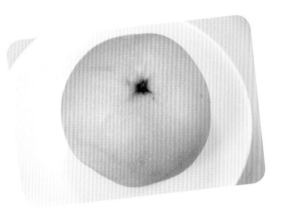

准备材料（1人份标准）

梨1/2个，生姜1/4块，蜂蜜3勺，水5杯

制作步骤

1 将梨和生姜去皮，梨切块，生姜切片，放入锅中。

2 将3勺蜂蜜放入锅中，大约放置1个小时。

3 倒入5杯水，等梨变得稍稍透明后，开小火煮。

4 等梨变成半透明状后，捞出冷却后切成小块状，用滤网捞出生姜，将茶汁放入冰箱冷藏。

用麦芽茶制作

韩国传统食醯

● 健康益处

食醯是一种利用发酵原理制成的韩国传统食物，能促进消化，抑制肠内细菌滋生，还能消除体内肿块，女性生产后饮用可以治疗乳房疼痛，能解酒止渴，是男女老少皆宜的韩国传统饮料。

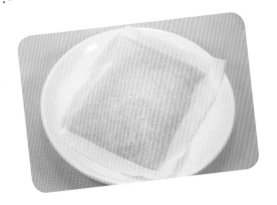

● 准备材料（1人份标准）

麦芽茶包3袋，饭2碗，白糖1杯，水15杯

制作步骤

1
制作食醯需要2碗饭。煮饭时尽量少放水，使饭粒硬一些。取出煮熟的米饭放凉，将3袋麦芽茶包和2碗饭放入电饭锅。

2
再向电饭锅内倒入15杯水，保温状态下，等5个小时。

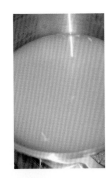

3
5个小时后，等水面漂浮3～4粒饭粒时，将锅内材料倒入大锅并取出茶包。

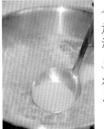

4
放入1杯白糖，煮沸后捞出表面漂浮的泡沫后熄火。

5
将煮好的食醯放在阳台冷却，饮用时用碗盛装。

TIPS

制作食醯时最麻烦的情况是麦芽茶包在水煮的过程中破损，如果购买100%天然的麦芽茶包就能很顺利地完成整个制作过程。如果不喜欢饭粒太多，也不要轻易减少饭的分量，因为如果减少米饭的分量，食醯的味道就不能到位，可以在饮用时捞出一些饭粒。如果想使食醯呛嗓子的味道更浓，在加入白糖时，切几片生姜一同下锅煮，就能散发出生姜特有的味道了。

消除腹胀的
韩国传统水正果

健康益处

水正果是韩国传统健康饮料，自古被用于餐后饮用。水正果主要制作材料中的肉桂具有促进消化的作用，能够预防胃溃疡等疾病，餐后饮用可以让胃部感觉舒适。一同使用的生姜也有健脾胃功能，能消除腹泻呕吐等症状。水正果是适合餐后饮用的最佳甜品。

准备材料（1人份标准）

肉桂一把，生姜2块，大枣12颗，水10杯，红糖1杯，柿子干，松仁若干

制作步骤

1 将所有材料洗净，将肉桂切块，将生姜去皮切片，放入锅中，再倒入10杯水。

2 盖上锅盖煮50分钟，打开锅盖用滤网捞出材料。

3 放入1杯红糖，均匀搅拌，熄火，用汤勺捞出水面泡沫。

4 洗净柿子干，放入要食用的分量。

5 将步骤3中剩下的汤汁放在阳台冷却，用碗盛装制成的水正果，捞出柿子干，点缀几粒松仁，即可饮用。

温醇润滑的
绿茶拿铁冰饮

健康益处

　　绿茶含有各种有益身体健康的成分，却也有人不喜欢它略为苦涩的口味。可是，用牛奶一起制成的绿茶拿铁冰饮，绿茶的特有爽口滋味和牛奶的香甜润滑结合在一起，能让讨厌绿茶的人也爱上这种饮料。

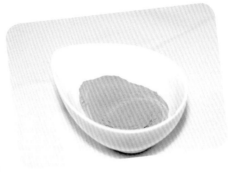

准备材料（1人份标准）

　　牛奶1杯，绿茶粉2勺，龙舌兰糖浆6勺（或蜂蜜少量），冰块6块，搅拌机

制作步骤

1 将牛奶放入微波炉中，加热30秒后取出，倒入搅拌机，搅拌1分钟，搅拌至起泡。

2 将2勺绿茶粉放入起泡的牛奶中，再放入6勺龙舌兰糖浆（或者蜂蜜少量）。

3 利用搅拌机将材料充分搅拌。在杯中放入冰块，倒入拿铁饮料即可饮用。

TIPS

喜欢浓浓的绿茶味的朋友，可以在制成的绿茶拿铁冰饮上面撒上少许绿茶粉，既有点缀作用，又能增加绿茶的浓香。

香甜柔润的口味，
红薯拿铁冰饮

● 健康益处

　　香甜美味的红薯含有丰富的食物纤维，血糖生成指数较低，是健康减肥的最佳食品。再加上牛奶，使饮料中的营养均衡，口味香甜润滑，是人见人爱的饮料。

● 准备材料（1人份标准）

　　蒸熟的红薯1/2杯，牛奶1杯，龙舌兰糖浆5勺（或蜂蜜少量），冰块6块，搅拌机

制作步骤

1　将红薯蒸熟去皮，切成适当大小，准备1/2杯，待用。

2　将牛奶放入微波炉中，加热30秒后倒入搅拌机，搅拌1分钟，搅至起泡。

3　将准备好的红薯和5勺龙舌兰糖浆放入起泡牛奶中，开动搅拌机，使材料均匀搅拌。

4　在杯中放入冰块，将搅拌好的饮料倒入杯中饮用。

健脑提神的
山药拿铁冰饮

● **健康益处**

近来，山药作为一种健康食品备受关注，最重要的优点是能使头脑灵活，因此，考生和上班族最适合饮用。山药拿铁冰饮含有有利于恢复精力和预防老化的成分，是营养满分的饮品。

● **准备材料（1人份标准）**

山药1/2杯，牛奶1杯，龙舌兰糖浆5勺（或蜂蜜少量），冰块6块

制作步骤

1 将山药洗净去皮，切成适当大小，准备1/2杯，待用。

2 将牛奶放入微波炉中，加热30秒后倒入搅拌机，搅拌1分钟，搅至起泡。

3 将准备好的红薯和5勺龙舌兰糖浆放入起泡牛奶中，开动搅拌机，使材料均匀搅拌。

4 在杯中放入冰块，将搅拌好的饮料倒入杯中饮用。

TIPS

山药虽然含有很多对身体有益的成分，但是具有粘稠性，与其单独食用，不如和牛奶一同食用口感更佳。

"I'm not
a paper cup"

ECOLife

LOCK&LOCK

不输给咖啡馆的饮料，

苹果肉桂拿铁冰饮

健康益处

苹果和肉桂在营养方面是极佳的搭配，味道一经混合则更加香甜，因此，这两种食品也同时用于烘焙面包。将二者制成饮料饮用，可以享受到不输给咖啡店的纯正口味。

准备材料（1人份标准）

苹果1个，肉桂粉1勺，牛奶1杯，龙舌兰糖浆6勺（或蜂蜜少量），冰块6块，搅拌机

制作步骤

1 将苹果洗净去皮，切成适当大小，放入搅拌机，放入1勺肉桂粉。

2 再放入6勺龙舌兰糖浆，浸泡。

3 将牛奶放入微波炉中，加热30秒后倒入搅拌机，搅拌1分钟，搅至起泡。

4 在杯中放入冰块，将搅拌好的饮料倒入杯中，撒上少许肉桂粉末，即可饮用。

TIPS

市场中卖的肉桂粉大多含有添加剂和香料成分，可以在家将买来的肉桂研磨成粉末来用。只是，使用搅拌机研磨肉桂时，残留在搅拌机上的肉桂粉末很难清洗，可以一次研磨出几次的分量，用密封袋装好放入冰箱冷藏，随时取出使用。将搅拌机浸泡一天一夜，残留肉桂粉末就容易清洗干净了。

冰茶饮料经典款，
柠檬冰茶

健康益处

夏季常喝的冰茶中，属柠檬冰茶最具人气。在外面能买到的都是粉末冲出来的冰茶，在这种柠檬粉中也含有大量的合成添加剂，请尝试在家中自制这种有益健康的纯天然冰茶吧。

准备材料（1人份标准）

红茶糖浆（红茶茶包2个，热水1杯，龙舌兰糖浆6勺或蜂蜜少量），柠檬1个，龙舌兰糖浆7勺（或蜂蜜少量），冰块8块，搅拌机

制作步骤

1
将2袋红茶茶包放入1杯热水中冲泡，浸泡5分钟后取出茶包，放入6勺龙舌兰糖浆，制成红茶糖浆，待用。

2
将1/2个柠檬和7勺龙舌兰糖浆放入搅拌机搅碎，滤除果肉，制成柠檬糖浆。

3
将剩下的柠檬切片，再放入制好的红茶糖浆中，冷却。

4
将制好的柠檬糖浆的一半倒入杯中，再将剩下的一半柠檬糖浆放入冰箱冷藏。

5
在杯中放入冰块，倒入冷却后的柠檬冰茶，即可饮用。

享受苹果淡淡的香味，

苹果冰茶

健康益处

跟柠檬冰茶清凉爽口的味道不同，苹果冰茶则另有一番风味。苹果具有淡淡的清香，可以先制成苹果糖浆，再根据个人口味制成饮料。

准备材料（1人份标准）

红茶糖浆（红茶茶包2个，热水1杯，龙舌兰糖浆6勺或蜂蜜少量），苹果1个，龙舌兰糖浆6勺（或蜂蜜少量），冰块8块，搅拌机

制作步骤

1 将2袋红茶茶包放入1杯热水中冲泡，浸泡5分钟后取出茶包，放入6勺龙舌兰糖浆，制成红茶糖浆，待用。

2 将1/4个苹果和6勺龙舌兰糖浆放入搅拌机搅碎，滤除果肉，制成苹果糖浆。

3 将剩下的苹果切片，放入制好的红茶糖浆中浸泡30分钟以上，冷却。

4 在杯中放入8块冰块，倒入冷却后的红茶糖浆，再倒入制好的苹果糖浆，即可饮用。

消除一天疲劳的甜美味道，

泰国冰茶

健康益处

泰国冰茶是泰国常见的饮料，但在市面上很难买到，在家里用红茶和炼乳就可以进行简单制作。香甜润滑的口感强烈，在红茶和炼乳分层时饮用，孩子们喜欢享受边喝边搅拌的乐趣，因此这种饮料很受孩子们的欢迎。

准备材料（1人份标准）

红茶糖浆（红茶茶包2个，热水1杯，龙舌兰糖浆或蜂蜜少量），炼乳1/2杯，冰块8块

制作步骤

1 将2袋红茶茶包放入1杯热水中冲泡，浸泡5分钟之后取出茶包，制成红茶糖浆，待用。

2 在透明玻璃杯中放入冰块，倒入冷却后的红茶糖浆。

3 在冷却的红茶糖浆中倒入1/2杯炼乳。

4 在制成的泰国冰茶中插入吸管，搅拌饮用。

TIPS

只有将浮在上层的红茶的苦涩味道和下层的香甜的炼乳味道拌匀才能调出口味香甜的泰国冰茶味。不均匀搅拌，入口先是苦涩，然后又过于甜腻，一定要搅拌均匀才能饮用。

美容养颜女人茶，
石榴冰茶

健康益处

石榴中含有大量对女性健康非常有益的植物雌激素成分，它和女性荷尔蒙功能相似，能防止皮肤老化，具有减少腹部皮下脂肪的功效。超市中很容易就购买到100%纯度的石榴汁，在家就可以自制出石榴冰茶。

准备材料（1人份标准）

红茶糖浆（红茶茶包2个，热水1杯，龙舌兰糖浆6勺或蜂蜜少量），石榴汁1/2杯，冰块8块

制作步骤

1 将2袋红茶茶包放入1杯热水中冲泡，浸泡5分钟后取出茶包，放入6勺龙舌兰糖浆，制成红茶糖浆，待用。

2 在杯中放入冰块，将冷却后的红茶糖浆和1/2杯石榴汁一同倒入。

3 在制成的石榴冰茶上，点缀一片切好的薄柠檬片，即可饮用。

享受甜蜜温柔的悠闲时光，

牛奶冰茶

健康益处

红茶和牛奶的温柔结合您知道吗？店里卖的奶茶中都含有人工合成香精，用红茶茶包就可以在家里自制口感润滑的无添加剂奶茶了。乏味的白天，清凉爽口的冰奶茶能帮你恢复生气。

准备材料（1人份标准）

牛奶1杯，红茶茶包2个，热水2/3杯，龙舌兰糖浆适量（或蜂蜜少量）

制作步骤

1 在2/3杯热水中放入2个红茶茶包，浸泡3分钟。

2 准备1杯牛奶。

3 在锅中放入泡好的红茶和牛奶，稍许加热。加热时间过长容易使牛奶发出腥味，看到锅的边缘出现稍许奶沫浮起时，即可关火。

4 将煮好的奶茶放入杯中，倒入适合自己口味的龙舌兰糖浆，即可饮用。

告别脱发的烦恼，

黑豆凉茶

健康益处

黑豆自古就被用来防止脱发和治疗脱发。中医药方中记载，当肝脏肾脏虚弱，血液循环不通畅时而脱发时，服用黑豆可以强化肾脏机能，有利于解毒，有利于肝脏健康。另外，黑豆中还含有大量的异黄酮，可以起到类似女性荷尔蒙的作用。

准备材料（1人份标准）

黑豆1杯，水5杯，龙舌兰糖浆适量（或蜂蜜少量）

制作步骤

1 将黑豆洗净晾干，放入锅中用中火加热，在黑豆豆皮掉落前停止翻炒。

2 再放入5杯水，用小火煮20分钟。

3 20分钟后，去除水面泡沫，捞出黑豆。

4 将锅放在阳台晾凉，冷却后再倒入杯中，加入适合自己口味的龙舌兰糖浆，即可饮用。

Part 5

营养丰富的美味饮料，
果汁

能代替早餐的
浓香草莓香蕉汁

健康益处

草莓和香蕉都含有丰富的纤维质和维生素。特别是，香蕉有饱腹感，含糖丰富。富含维生素C的草莓和富含维生素B以及钙质等无机质成分的香蕉，一同食用可以替代早餐，营养丰富，饱腹感强。

准备材料（1人份标准）

草莓1.5杯，香蕉1/2个，龙舌兰糖浆5勺（或蜂蜜少量），水1/2杯，搅拌机

制作步骤

1 将去除梗茎洗净后的1.5杯草莓和去皮的1/2个香蕉，放入搅拌机。

2 放入5勺龙舌兰糖浆和1/2杯水，利用搅拌机将材料充分搅拌。

3 将搅拌好的果汁倒入杯中，冷却后饮用。

助消化的
菠萝木瓜汁

健康益处

    同属热带水果的菠萝和木瓜都具有很强的促消化功效。菠萝中的菠萝蛋白酶成分和木瓜中的木瓜蛋白酶成分，具有特别优秀的分解蛋白质的功能，配合肉类食品一起食用，可以起到消食的作用，能使胃部感觉舒适。

准备材料（1人份标准）

    菠萝1杯，木瓜1/2杯，龙舌兰糖浆5勺（或蜂蜜少量），水1/2杯

制作步骤

1 将1杯菠萝和1/2杯木瓜放入搅拌机。

2 放入5勺龙舌兰糖浆和1/2杯水，用搅拌机将材料充分搅拌。

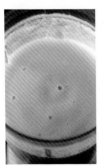

3 将搅拌好的果汁倒入杯中，冷却后饮用。

告别贫血的
奇异果菠菜汁

健康益处

奇异果和菠菜都含有大量的高质量叶酸和铁成分，在预防贫血等方面功效良好。另外，又因二者均含有丰富的叶绿素，有助于身体新陈代谢，帮助体内排出废物，使肝肺充满活力，增强身体的自然治愈能力。

准备材料（1人份标准）

奇异果2个，菠菜5～6叶，龙舌兰糖浆6勺（或蜂蜜少量），水1/2杯

制作步骤

1 将2个奇异果去皮切块，将5～6叶菠菜洗净切碎，放入搅拌机。

2 放入6勺龙舌兰糖浆和1/2杯水，用搅拌机将材料充分搅拌。

3 将搅拌好的果汁倒入杯中，冷却后饮用。

TIPS

孩子们最讨厌吃的菠菜，一般的做法是和豆芽一起凉拌食用，因为水煮菠菜会很大地破坏其营养成分。菠菜和奇异果一起做成果汁，不但能保存营养成分，还能去除菠菜的苦味，让孩子们察觉不到是菠菜，可以愉快地饮用。

去除活性氧的
清新苹果汁

健康益处

　　苹果大多在早餐时食用，它含有丰富的果胶，可以防止便秘，促进肠道运动。另外，苹果在调节血糖和胆固醇方面功效显著，因为它可以通过抗酸化作用，消除体内活性酸素，是一种抗疲劳恢复精力的好水果。

准备材料（1人份标准）

　　苹果1个，龙舌兰糖浆5勺（或蜂蜜少量），水2/3杯

制作步骤

1 将1个苹果去皮切块，放入搅拌机。

2 放入5勺龙舌兰糖浆和2/3杯水，利用搅拌机将材料充分搅拌。

3 将搅拌好的果汁倒入杯中，冷却后饮用。

TIPS

大多数人习惯将苹果和胡萝卜一起榨汁饮用，但因为维生素C和维生素A相遇会相互破坏，所以不能一起食用。苹果汁经长时间放置容易沉淀，榨汁后最好直接饮用。

three fresh herb leaves make you happy

令皮肤弹性细腻的
芒果红椒汁

健康益处

　　芒果和红椒含有丰富的维生素A和胡萝卜素，能够促进皮肤细胞活性化，使皮肤光滑更富弹性，另外，还能预防夜盲症和具有抗癌功效，提高身体免疫力。

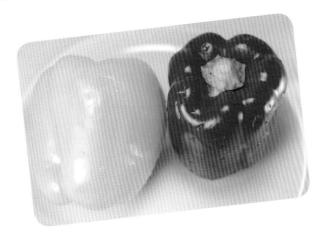

准备材料（1人份标准）

　　芒果1杯，红椒1/4个，龙舌兰糖浆6勺（或蜂蜜少量），水1/2杯

制作步骤

1 将芒果剥皮去核切块，将1/4个甜椒洗净切块，然后放入搅拌机中。

 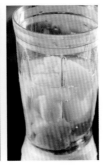

2 放入6勺龙舌兰糖浆和1/2杯水，用搅拌机将材料充分搅拌。

3 将搅拌好的果汁倒入杯中，冷却后饮用。

TIPS

即使放入少量甜椒也会有强烈的辣味，需要将甜椒放入水中浸泡一段时间后拿出使用。

抗癌效果显著的
哈密瓜黄瓜汁

健康益处

哈密瓜中含有丰富的番茄红素成分，黄瓜中则含有雪胆甲素，这两种成分对抑制癌细胞生长功效良好，是很好的抗癌食品。另外，它们水分含量高，有助于体内废物的排出，对去除浮肿很有帮助。

准备材料（1人份标准）

哈密瓜1/8个，黄瓜1/3根，龙舌兰糖浆7勺（或蜂蜜少量），水1/2杯

制作步骤

1 将1/8个哈密瓜和1/3根黄瓜洗净去皮切块，放入搅拌机。

2 放入7勺龙舌兰糖浆和1/2杯水，利用搅拌机将材料充分搅拌。

3 将将搅拌好的果汁倒入杯中，冷却后即可饮用。

促进新陈代谢的
汉拿峰柑橘汁

健康益处

汉拿峰（一种韩国济州岛特产大柑橘）和柑橘能促进新陈代谢，增强粘膜强度，预防感冒效果很好。特别是汉拿峰比柑橘含有更高的糖分和维生素C，和柑橘一起榨汁，不仅能使果汁口味更加清爽，也更有益健康。

准备材料（1人份标准）

汉拿峰1个，柑橘2个，龙舌兰糖浆6勺（或蜂蜜少量），水1/2杯

制作步骤

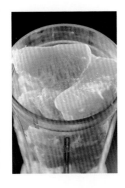

1 将汉拿峰和柑橘去皮切块，放入搅拌机。

2 放入6勺龙舌兰糖浆和1/2杯水，利用搅拌机将材料充分搅拌。

3 将搅拌好的果汁倒入杯中，冷却后饮用。

强化支气管功能的
梨子香蕉汁

● 健康益处

很早以前人们就知道梨有治疗和预防咳嗽、痰多、哮喘等呼吸道疾病的功效，香蕉可以减轻喉咙痛症，可以保护嗓子内部粘膜，这两种水果一起食用有益于呼吸道健康。

● 准备材料（1人份标准）

梨1/2个，香蕉1/2个，龙舌兰糖浆5勺（或蜂蜜少量），水1/2杯

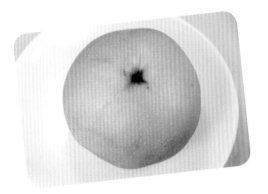

制作步骤

1 将1/2个梨和1/2个香蕉洗净去皮切块，放入搅拌机。

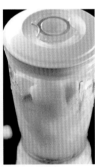

2 放入5勺龙舌兰糖浆和1/2杯水，利用搅拌机将材料充分搅拌。

3 将搅拌好的果汁倒入杯中，冷却后饮用。

令皮肤水嫩细腻的
西瓜甜瓜汁

健康益处

　　西瓜和甜瓜是夏季水果的代表，它们富含的水分能消暑解渴，有助于体内废物的排泄，使皮肤湿润光泽。二者又因所含热量较少，都是不错的减肥食品，其所含的维生素成分能使皮肤更具有光泽。

准备材料（1人份标准）

　　西瓜1杯，甜瓜1/2个，龙舌兰糖浆6勺（或蜂蜜少量），水1/2杯

制作步骤

1 将西瓜去皮去籽，切成适当大小，盛满1杯，将甜瓜切成两半，取其中一半去皮去瓤切块，与西瓜一起放入搅拌机。

TIPS

西瓜和甜瓜能为身体补充大量水分，具有降温祛热功效，但这两种水果性凉，如果食用过多容易造成腹泻，请不要一次食用过多。

2 放入6勺龙舌兰糖浆和1/2杯水，利用搅拌机将材料充分搅拌。

3 将搅拌好的果汁倒入杯中，冷却后即可饮用。

减肥最佳食品，
奇异果甘蓝汁

● 健康益处

　　奇异果和甘蓝都含有丰富的纤维质，能预防便秘，有助于减肥。奇异果更是比其他水果热量低，而甘蓝含有丰富的钙质以及无机质成分，既有利于减肥，也利于减少得骨质疏松症的危险。这两样食物都有助于健康减肥。

● 准备材料（1人份标准）

　　奇异果2个，甘蓝40克，龙舌兰糖浆7勺（或蜂蜜少量），水1/2杯

制作步骤

1 将2个奇异果去皮切块，将40克甘蓝摘叶洗净，放入搅拌机。

2 放入7勺龙舌兰糖浆和1/2杯水，利用搅拌机将材料充分搅拌。

3 将搅拌好的果汁倒入杯中，冷却后即可饮用。

强化肠胃机能的
葡萄柚紫甘蓝汁

健康益处

葡萄柚的抗菌作用和抗酸化特性具有防止胃溃疡的功效，紫甘蓝虽然和普通甘蓝的营养成分相似，但是抗癌效果更为显著。紫甘蓝中含有一种叫维生素U的特殊成分，能够强化胃肠机能，长期饮用有益于胃肠健康。

准备材料（1人份标准）

葡萄柚1个，紫甘蓝40克，龙舌兰糖浆6勺（或蜂蜜少量），水1/2杯

制作步骤

1 葡萄柚用盐水洗净，去皮后8等份，紫甘蓝摘叶洗净，一起放入搅拌机中。

2 放入6勺龙舌兰糖浆和1/2杯水，利用搅拌机将材料充分搅拌。

3 将搅拌好的果汁倒入杯中，冷却后饮用。

令人精神焕发的
西红柿梅子汁

健康益处

西红柿和梅子中含有大量能分解肌肉乳酸的有机酸，因此适合上班族和考生等人群，能帮助他们消除疲劳恢复精力。西红柿还能提高身体免疫力，减少炎症，起到保持健康的作用。

准备材料（1人份标准）

西红柿1.5个，梅子汁3勺，龙舌兰糖浆5勺（或蜂蜜少量），水1/2杯

制作步骤

1 将1.5个西红柿洗净切块，放入搅拌机。

2 放入3勺梅子汁，5勺龙舌兰糖浆和半杯水，用搅拌机将材料充分搅拌。

3 将搅拌好的果汁倒入杯中，冷却后即可饮用。

清洁心血管的
樱桃西红柿汁

健康益处

西红柿和樱桃能降低血液中的胆固醇含量，含有预防动脉硬化的成分，具有清洁血管的功效。西红柿中含有的番茄红素能防止老化，樱桃中含有的花青素能消除炎症，都对健康非常有益。

准备材料（1人份标准）

樱桃1杯，西红柿1个，龙舌兰糖浆7勺（或蜂蜜少量），水1/2杯

制作步骤

1 将1杯樱桃和1个西红柿洗净切块，放入搅拌机中。然后放入7勺龙舌兰糖浆和1/2杯水。

2 利用搅拌机将材料充分搅拌。

3 将搅拌好的果汁倒入杯中，冷却后饮用。

TIPS

果汁中会含有未搅碎的樱桃皮。如果想喝到纯果汁，可以将樱桃皮滤除后再饮用。

治疗过敏的
爽口芦荟汁

健康益处

芦荟的药用价值很早就被发现了，它有很多养生功效，特别是一种叫芦荟凝胶的成分，具有治疗过敏性疾病的功效。另外芦荟还具有令皮肤细胞再生的效果，常被用于制作化妆品，对护肤美容功效显著。

准备材料（1人份标准）

芦荟1杯，龙舌兰糖浆7勺（或蜂蜜少量），水2/3杯

制作步骤

1 将买回来的冷冻芦荟控干水分，洗净切块，再取1杯的量放入搅拌机中。

2 放入7勺龙舌兰糖浆和2/3杯水，利用搅拌机将材料充分搅拌。

3 将搅拌好的果汁倒入杯中，冷却后饮用。

TIPS

尽管芦荟非常有益健康，但生食起来却难以下咽。近来，在大型超市都能买到块状冷冻芦荟，买回来后，继续放入冷冻箱保存，即可随时自制饮用芦荟汁了。

解决便秘问题的
菠萝香蕉汁

健康益处

香蕉和菠萝含有丰富的食物纤维，能促进胃肠蠕动，非常有助于消除便秘症状。特别是早晨空腹喝下这款果汁，对治疗便秘具有非常显著的效果，还有利于护肤美容。

准备材料（1人份标准）

菠萝1杯，香蕉1/2个，龙舌兰糖浆5勺（或蜂蜜少量），水1/2杯

制作步骤

1 将1杯菠萝和1/2个香蕉去皮切块，放入搅拌机。

2 放入5勺龙舌兰糖浆和1/2杯水，利用搅拌机将材料充分搅拌。

3 将搅拌好的果汁倒入杯中，冷却后饮用。

附　录

 梅子汁制作方法

● 材料和工具

　　鲜青梅500克，精制红糖500克（青梅和精制红糖的用量相等），空玻璃瓶

● 制作步骤

1. 选择果肉坚硬的青梅，表皮没有刮痕。
2. 摘净青梅的梗茎，反复冲洗干净。
3. 将青梅铺晾在阴凉的地方，控干水分。
4. 将玻璃瓶擦拭干净，瓶内不能留有水分。
5. 按照一层青梅、一层精制红糖的顺序将控干水分的青梅和300克精制红糖交替放入玻璃瓶中。
6. 将剩余的200克精制红糖洒在最上面。
7. 瓶口用塑料纸盖住，并用橡皮筋缠紧。青梅发酵会释放出气体，所以无需用盖子封瓶口。
8. 将瓶子放置在阴凉处。3周后将瓶子打开并搅拌，使精制红糖充分溶化后盖上。再过1周后，将瓶子打开并均匀搅拌再盖上。
9. 100天后，捞出变得皱巴巴的青梅果肉，将梅子汁倒入可以存放的容器中，放入冰箱储藏。

 五味子汁制作方法

● 材料和工具

　　鲜五味子500克，白糖500克（五味子和白糖的用量相等），空玻璃瓶

● 制作步骤

1. 将五味子冲洗干净，控干水分。
2. 将玻璃瓶擦拭干净，瓶内不能留有水分。

3. 按照一层五味子、一层白糖的顺序将控干水分的五味子和3千克白糖交替放入瓶中。

4. 将剩余的200克白糖洒在最上面。

5. 密封瓶口，并放置在阴凉处。

6. 100天后，捞出五味子，将五味子汁倒入可以存放的容器中，放入冰箱储藏。

 # 柚子茶制作方法

材料和工具

柚子1个，蜂蜜500克，冰糖100克（按个人口味适当放入），盐1茶勺（1茶勺是5ml），清水适量

制作步骤

1. 在柚子皮上涂抹一层盐，刷洗干净，然后用刀将最外面的皮削下来，尽量薄一些，少带里面的白瓤，否则会很苦。

2. 将柚子果肉撕成小块，刮下的皮切成长大约3厘米、粗细约1毫米的细丝，越细越好。

3. 将切好的柚子皮丝放入盐水里腌1小时。

4. 将腌好的柚子皮丝放入清水中，用中火煮10分钟，使其变软脱去苦味。

5. 将处理好的柚子皮丝和果肉放入干净无油的锅中，加入适量清水和冰糖，用小火熬1个小时，熬至黏稠、颜色金黄透亮即可。注意熬的时候要经常搅拌，以免粘锅。

6. 放凉后加入蜂蜜，搅拌均匀，柚子茶就制作完成了。装入密封罐放入冰箱储存即可。